乡村振兴
——科技助力系列

丛书主编：袁隆平　官春云　印遇龙
　　　　　邹学校　刘仲华　刘少军

中蜂
生态养殖

编　著◎张祖标　李安定　唐　炳

U0339561

湖南科学技术出版社
·长沙·

内容提要：本书重点介绍了中蜂养殖生产实践中的主要环节、关键技术、操作方法和成功经验。主要内容包括中蜂的发展历程、中蜂品种与选育标准、中蜂生物学特性、中蜂饲养设备、蜜粉源植物、中蜂的迁飞与收捕、中蜂的饲喂方法、中蜂的人工育王、中蜂的基础管理、中蜂的四季管理、中蜂病敌害防治、蜜蜂产品与销售等。本书内容丰富，通俗易懂，具有很强的知识性、实践性和可操作性，既可作为初学养蜂者的敲门砖，也可作为广大养蜂工作者和业余养蜂爱好者的参考书。

前　言

党的"十八大"以来，随着精准扶贫战略的深入推进，各地逐渐兴起养蜂热潮，作为精准扶贫的特色产业，中蜂养殖让山区农民真正体会到了甜蜜产业带来的获得感、幸福感，为我国实现了第一个百年奋斗目标，在中华大地上全面建成了小康社会，为历史性地解决绝对贫困问题发挥了较大作用。

为深入贯彻落实"十四五"规划，进一步巩固脱贫攻坚成果，有效衔接乡村振兴政策，全面振兴乡村产业，必须以农业为基础，加快推进农业现代化建设，促进农村绿色经济发展。中蜂养殖是一项造福人类和社会的"甜蜜"事业，具有投资少、见效快、市场大、促进生态平衡等独特的发展优势，是现代循环农业的有机组成部分，是农民增收、农业增效，实现乡村振兴的一条有效途径，非常适合农村经济的发展，产业前景十分广阔。

中蜂饲养具有较强的知识性、实践性、操作性等特点。要养好中蜂，只有不断地加强理论学习，勤于实践，并在实践中不断摸索和总结经验，才能逐步提高自己的饲养水平。为了满足广大山区农民对中蜂养殖技术的渴望和需要，作者总结了从业30多年的中蜂养殖经验编著此书。全书可分为中蜂的发展历程、中蜂品种与选育标准、中蜂生物学特性、中蜂饲养设备、蜜粉源植物、中蜂的迁飞与收捕、中蜂的饲喂方法、中蜂的人工育王、中蜂的基础管理、中蜂的四季管理、中蜂病敌害防治、蜜蜂产品与销售等十二个章节，重点介绍了中蜂养殖生产实践中的主要环节、关键技术、操作方法和成功经验，对帮助山区农民解决养蜂过程中所遇到的技术难题，科学制订养蜂计划，正确采收蜂蜜，增加蜂蜜产量，提升蜂蜜质量，拓宽销售渠道，促进农村经济发展，助力乡村产业振兴，具有十分重要的意义。本书既可作为初学养蜂者的敲门砖，也可作为广大养蜂工作者和业余养蜂爱好者的参考书。

　　因作者水平有限，不妥之处在所难免，敬请热衷于中蜂养殖的同人提出宝贵意见，不胜感激。

编　者

2022 年 10 月

目　　录

第一章　中蜂的发展历程

　　中蜂养殖是一项投资少、见效快、市场大、效益好、无污染，与其他行业无冲突，非常适合农村经济发展的产业。发展中蜂养殖，人们既能通过采收蜂蜜、蜂花粉、蜂蜡、蜂蛹等蜂产品获得直接经济效益，也能通过中蜂为农作物授粉，使农业增产增收而获得更大的间接经济效益。同时，发展中蜂养殖对改善人们膳食结构、增强国民身体素质、促进生态平衡等方面，都具有重要的社会效益和生态效益。

第一节　中蜂的历史及现状

一、中蜂饲养发展阶段

　　我国中蜂饲养发展经历了两个阶段，第一阶段是 20 世纪 10 年代之前，中蜂由野生状态逐渐过渡到半野生状态至居家粗放饲养状态；第二阶段是 20 世纪 20 年代，中蜂饲养开始借鉴西方蜜蜂的活框蜂箱饲养技术，使得中蜂饲养技术出现了质的飞跃。

（一）由野生状态过渡到居家饲养阶段

　　东汉时期（25—230 年），人们发现野生蜂群后，立即用烟火驱散蜂群，并用炭火加宽蜂洞，用湿泥巴涂抹封住洞口，仅留一小孔供蜜蜂出入，并在出口处留下标记，以示蜂群归属于某人，即为"圆洞养蜂法"；魏晋南北朝时期，养蜂人开始"以木为器"，将半野生状态的蜜蜂移养到仿制的天然蜂窝或代用的木桶蜂窝中去，中蜂饲养开始由半野生状态逐渐过渡到居家饲养状态；唐朝时期，人们将蜂窝与燕巢并列悬挂于庭院屋檐下，并配备一些果树蜜源，以便蜜蜂采集；北宋时期，人们用竹笼、树筒或木桶等传统方法饲养中蜂，蜂群仍处于自生自灭状态。

　　从元代时期开始，家庭养蜂已开始普及。人们根据中蜂的养殖经验，逐渐在蜂群饲养管理、蜂产品的营养价值及食用方法，甚至包括气候物候对蜂群和蜂蜜产量的影响等方面进行总结，养蜂技术已达到了较高水平（图1-1）。

圆形蜂桶（一）

圆形蜂桶（二）

格子叠加蜂箱（一）

格子叠加蜂箱（二）

图1-1　中蜂传统饲养蜂桶（箱）

（二）由传统饲养过渡到活框饲养阶段

20世纪20—30年代，受西方蜜蜂活框饲养技术的影响，中蜂饲养开始进入活框饲养与传统桶养相结合的时代。一些养蜂从业者根据中蜂的生物学习性，设计出适宜中蜂饲养的专用蜂箱，从而使饲养西方蜜蜂中的一些养蜂机具及其配套管理技术在中蜂饲养中得到极大地普及和推广，提高了中蜂饲养的生产效率。

二、中蜂饲养所面临的现状

西方蜜蜂引入我国以后，中蜂在蜜源采集、蜂巢防卫、交尾飞行、病害防御等方面都受到西方蜜蜂的严重干扰和侵害，致使中蜂群体数量减少、分布范围缩小、生存环境进一步恶化，甚至有些中蜂品种面临濒危的危险。主要表现在以下几个方面。

（一）群体数量锐减

在外界蜜粉源比较充足时，饲养西方蜜蜂产量高、效益好。首先，西方蜜蜂的高产能力是中蜂群体数量迅速减少的最主要原因；其次，中蜂的群势及个体要比意大利蜂（简称意蜂）小，当外界蜜源缺乏而发生盗蜂时，中蜂多是失败者，这是导致中蜂群体数量减少的另一个原因；再次，中蜂饱受囊状幼虫病的侵害，加上传统的毁巢取蜜方式，致使中蜂大量死亡，这是造成中蜂群体数量减少的又一个原因。

根据有关资料记载：20 世纪 50 年代，我国中蜂饲养数量为 30 万～40 万群；1957 年，中蜂数量发展到 100 余万群；70 年代初，中蜂数量增加到 200 万群；1971—1973 年，由于我国南方中蜂主产区暴发中蜂囊状幼虫病，导致中蜂数量下降到 100 余万群；90 年代以后，全国中蜂数量逐年增加。目前，我国中蜂饲养数量仍维持在 200 万群左右，仅占全国总蜂群数量的 25％左右。

（二）分布范围缩小

从分布区域来看，我国在引进西方蜜蜂以前，中蜂遍布全国各地。自从引进西方蜜蜂以后，中蜂已逐渐退缩到长江流域以南的山区呈苟延残喘之势。目前，长白山中蜂、海南中蜂和西藏中蜂等品种数量锐减、品种混杂，面临濒危。

（三）生态环境恶化

很多山区植物只有中蜂才能为它们完成授粉，例如，冬季开花的枔木、八叶五加等。一旦中蜂消失以后，这些山区植物因得不到授粉而无法繁殖，导致植物种类灭绝，从而使依赖这些植物生存的动物也将无法继续生存，造成整个生态系统崩溃，人类在生态系统的崩溃下，自然也就不可能生存。

三、中蜂遗传资源保护措施

2021 年，中央一号文件明确提出，未来几年要打好种业翻身仗，而做好种质资源保护工作是打好种业翻身仗的关键所在。中蜂是我国优良的地方品种遗传资源，应大力保护。1995 年以来，国家先后启动了畜禽遗传资源的保护工作，例如，湖北神农架林区、吉林长白山区、山东蒙阴县、广东蕉岭县、江西上饶等地区建立了国家级中蜂保护区，设立了中蜂保护区标识，严禁西方蜜蜂入境饲养。2006 年，国家颁布实施了《畜牧法》，为蜜蜂遗传资源保护工作提供了法律依据，同时，将中华蜜蜂列入了《国家畜禽遗传资源保护名录》；2011 年，农业部以公告形式发布了《养蜂管理办法（试行）》，这个办法的实施对维护蜂农合法权益、保护生态平衡、促进蜂业健康持续发展起到了很大的推动作用。

在国家出台了一系列中蜂遗传资源保护措施的同时，一些地方政府也出台了一些相应的保护政策，例如，1984 年，湖南省浏阳县人民政府发布了《浏阳县人民政府关于保护、发展中华蜜蜂的通告》（浏政告〔1984〕6 号），划定大围山、张坊、小河、官渡、达浒、沿溪、永和、高坪、中和、文家市、枨冲、普迹等十二个乡镇为中蜂重点保护区。为巩固和提升中蜂重点保护区建设，2019 年，浏阳市农业农村局下发了《关于巩固提升中蜂重点保护区的通告》文件，重新明确大围山、张坊、小河等十二个乡镇为该市中蜂重点保护区。与此同时，各中蜂重点保护区所在乡镇成立了中蜂重点保护区管理办公室，设立了中蜂重点保护区界牌，在保护区内开展保护政策宣传和养蜂技术培训等一系列活动，有效地促进了中蜂养殖业的健康持续发展。

第二节　中蜂的发展前景

党的十八大以来，我国很多地方根据习近平总书记"坚定信心、找对路子""因地制宜、科学规划、分类指导、因势利导"精准扶贫的重要精神，将发展中蜂养殖和农村精准扶贫相结合，通过发展中蜂养殖带动和帮助一批批的贫困户真正走上了脱贫致富之路。在中国共产党成立 100 周年庆祝大会上，习近平总书记庄严宣告，我们实现了第一个百年奋斗目标，在中华大地上全面建成了小康社会，历史性地解决了绝对贫困问题。

2021 年，是我国乡村全面振兴开端之年，也是进一步巩固拓展脱贫攻坚成果，有效衔接乡村振兴战略的重要之年，各级政府对继续推动脱贫地区发展和乡村全面振兴提出了新的要求。推进乡村振兴政策，必须以农业为基础，加快推进农业农村现代化体系建设，促进农村绿色经济发展，而中蜂养殖是一项利国利民的"甜蜜"事业，是现代农业的重要组成部分，是农业增产、农民增收，实现乡村振兴的一条有效途径。

第二章　中蜂品种与选育标准

中华蜜蜂，隶属于动物界（Animal）节肢动物门（Arthropada）昆虫纲（Incecta）膜翅目（Hymenoptera）蜜蜂科（Apidae）蜜蜂属（*Apis*）东方蜜蜂（*Apis cerana*）中的中华蜜蜂亚种（Apis cerana cerana），俗称中蜂、土蜂等。根据 2011 年国家畜禽遗传资源委员会组编的《中国畜禽遗传资源志·蜜蜂志》记载：中华蜜蜂可分为北方中蜂、华南中蜂、华中中蜂、云贵高原中蜂、长白山中蜂、海南中蜂、滇南中蜂、阿坝中蜂、西藏中蜂等 9 个地方品种。由于各地方品种所生存的地域环境不同，因而其个体和群体大小以及生物学特性等方面表现出一定的差异。

第一节　中蜂品种

一、华南中蜂

华南中蜂主要分布在广东、广西、福建、浙江、台湾等省（自治区），主要生活在海拔 800 m 以下的丘陵和山区，是在华南地区生态条件下，经过长期的自然选择而形成的一个自然蜂种。

蜂王体色呈黑灰色，腹节有灰黄色环带；雄蜂体色呈黑色；工蜂体色呈黄黑相间。繁殖高峰期，蜂王平均日产卵量为 500～700 粒，最高日产卵量可达 1200 粒。一般群势为 3～4 框蜂，最大群势可达 8 框蜂左右。具有较强的分蜂性，通常在群势达 3～5 框蜂时发生分蜂，一般每年分蜂 2～3 次；盗性较强，易飞逃，易蜇人，易感染中蜂囊状幼虫病。定地饲养的蜂群年均产蜜量 10～18 kg，转地饲养的蜂群年均产蜜量 10～30 kg。群体数量在 70 万群以上。

二、华中中蜂

华中中蜂主要分布在湖南、湖北、江西、安徽等省，主要生活在长江中下游流域广大山区，是在长江中下游流域丘陵、山区生态条件下，经过长期的自然选择而形成的一个自然蜂种。

蜂王体色呈黑灰色，少数呈棕红色；雄蜂体色呈黑色；工蜂体色多呈黑色，腹节背板有明显的黄环。群势在主要流蜜期到来时可达 6～8 框蜂，越冬期群势可维持 3～4 框蜂。自然分蜂期在 5 月末至 6 月初之间，一群可以分出 2～3 群。飞行敏捷，采集勤奋，善于利用零星蜜源；抗寒能力强，冬季气温在 0 ℃以上时，工蜂仍能外出采集；抗巢虫能力差，易受巢虫危害；防盗能力较差，易感染中蜂囊状幼虫病。传统饲养的蜂群年均产蜜量 5～20 kg；活框饲养的蜂群年均产蜜量 20～40 kg。群体数量在 50 万群左右。

三、云贵高原中蜂

云贵高原中蜂是在云贵高原的生态条件下，经过长期的自然选择而形成的一个自然蜂种。主要分布在贵州西部、云南东部和四川西南部的高海拔地区。

蜂王体色为棕红色或黑褐色；雄蜂体色为黑色；工蜂体色偏黑色，腹节背板有大量黑色带。蜂王产卵力很强，最高日产卵量可达 1000 粒以上；分蜂性弱，群势可维持 7～8 框蜂以上；性情凶暴，盗性较强；抗寒能力强，适应性较广；抗病能力较弱，易感染中蜂囊状幼虫病和欧洲幼虫腐臭病。定地结合小转地饲养的蜂群年均产蜜量 30 kg 左右；定地饲养的蜂群年均产蜜量 15 kg 左右。群体数量在 60 万群左右。

四、滇南中蜂

滇南中蜂是在横断山脉南麓的生态条件下，经过长期的自然选择而形成的一个自然蜂种。主要分布在云南南部等地。

蜂王体色为棕色；雄蜂体色为黑色；工蜂体色为黑黄相间。蜂王产卵力较弱，盛产期日产卵量为 500 粒；分蜂性弱，可维持 4～6 框蜂群势；耐高温、高湿，不耐寒；群势小，采集力较差。传统饲养的蜂群年均产蜜量 5 kg，活框饲养的蜂群年均产蜜量 10 kg。群体数量在 20 万群左右。

五、阿坝中蜂

阿坝中蜂是在四川盆地向青藏高原隆升的梯级过渡地带的生态条件下，经过长期的自然选择而形成的一个自然蜂种。主要分布在四川西北部等地，生活在海拔 2000 m 以上的高原及山地。

蜂王体色为黑色或棕红色；雄蜂体色为黑色；工蜂的足及腹节腹板呈黄色，腹节背板有很宽的黑色带。阿坝中蜂春繁较迟，但繁殖速度较快，能维持较大的群势，生产期蜂群群势可达 12 框蜂，能维持 5～8 框子脾；分蜂性较弱，每年可发生 1～2 次自然分蜂；采集力强，较耐寒，性情温驯，适合高寒山区饲养。因受当地气候、蜜源等自然条件的影响，蜂群年均产蜜量 10～25 kg。群体数量在 3 万群左右。

六、海南中蜂

海南中蜂是在海南岛的生态条件下，经过长期的自然选择而形成的一个自然蜂种。根据海南省境内地形地貌特征，海南中蜂可分为椰林蜂和山地蜂两种类型。椰林蜂主要分布在海拔低于 200 m 的沿海椰林区，而山地蜂主要分布在海南省中部山区。

蜂王体色为黑色；雄蜂体色为黑色；工蜂体色为灰黄色，各腹节背板上有黑色环带。海南中蜂群势较小，一般山地蜂为 3～4 框蜂群势，椰林蜂为 2～3 框蜂群势；山地蜂较为温驯，椰林蜂较为粗暴；山地蜂采集力比椰林蜂强，善于利用山区零星蜜源；椰林蜂繁殖力强，采蜜性能差，具有很强的分蜂性；抗病能力差，易感染中蜂囊状幼虫病，易受巢虫危害，易飞逃。山地蜂年均产蜜量 25 kg；椰林蜂年均产蜜量 15 kg。群体数量在 2 万群左右。

七、西藏中蜂

西藏中蜂是在西藏东南部林芝地区和山南地区的生态条件下，经过长期的自然选择而形成的一个自然蜂种。主要分布在西藏东南部等地，生活在海拔 3000 m 以上的高海拔地区，大部分处于野生状态。

工蜂体色为灰黄色或灰黑色，腹部较为细长。西藏中蜂耐寒性强，群势较小，采集力较差；分蜂性强，具有很强的迁徙性。传统饲养的蜂群年均产蜜量 5～10 kg；活框饲养的蜂群年均产蜜量 10～15 kg。

西藏中蜂基本处于野生状态，群体数量不详，1993 年估计至少有 10

万群以上，人工饲养的中蜂只有 2000 群左右。由于农药中毒和中蜂囊状幼虫病等因素的危害，其蜂群数量逐年下降，已处于濒危状态。

八、长白山中蜂

长白山中蜂是在长白山的生态条件下，经过长期的自然选择而形成的一个自然蜂种，又称为"东北中蜂"。主要分布在吉林省长白山区及辽宁省东部部分山区。

蜂王个体较大，腹部较长，尾部稍尖，大部分蜂王腹节背板体色为黑色；雄蜂体色为黑色，个体较小；工蜂个体较小，体色可分为黑灰色和黄灰色两种。蜂王产卵力强，最高产卵量可达 960 粒左右；春繁速度较快，生产期最大群势可达 12 框蜂以上，能维持 5～8 框子脾；采集力强，性情比较温驯，耐寒，抗逆性强。传统饲养的蜂群年均产蜜量 10～20 kg；活框饲养的蜂群年均产蜜量 20～40 kg。长白山中蜂数量已由 1983 年的 4 万多群下降到 2008 年的 1.9 万群，处于濒危-维持状态。

九、北方中蜂

北方中蜂是在黄河中下游流域丘陵、山区生态条件下，经过长期的自然选择而形成的一个自然蜂种。主要分布在山东、山西、河北、河南、陕西、宁夏、北京、天津等黄河中下游流域所在的省、市、自治区的山区。

蜂王体色多为黑色，少数为棕红色；雄蜂体色为黑色；工蜂体色多为黑色。蜂王在产卵盛期，平均日产卵量达 700 粒以上，最高可达 1030 粒；分蜂性较弱，能维持 7～8 框蜂以上的群势；比较耐寒，防盗性强，较为温驯；抗巢虫能力差，较易感染中蜂囊状幼虫病和欧洲幼虫腐臭病。转地饲养的蜂群年均产蜜量 20～35 kg，最高可达 50 kg；定地传统饲养的蜂群年均产蜜量 4～6 kg。群体数量在 30 万群左右。

中华蜜蜂 9 个地方品种的遗传资源经济性状特点对比情况如下（表 2-1）：

表 2-1

中华蜜蜂遗传资源经济性状特点对比表

序号	品种	中心产区及分布	群体规模	形态特征	生物学特性	生产性能	饲养管理	现状
1	华南中蜂	中心产区在华南，分布于广东、广西、福建、浙江、台湾等地。	70万群	蜂王体色基本呈黑灰色，腹节有灰黄色色环带；工蜂体色为黑色；雄蜂体色为黑色与黄蜂相间色。	春季繁殖较快，夏季繁殖缓慢；分蜂性强，通常一年可分蜂2~3次，分蜂时，群势多为3~5框蜂，温驯中等，易螫人，盗性强，易飞逃，易感染中蜂囊状幼虫病；蜂王日平均产卵500~700粒；一般群势为3~4框蜂，最高可达1200粒；最大群势可达8框蜂左右。	转地饲养，年均群产蜜10~18 kg；定地群产蜜30 kg，年均群产蜜10~18 kg。	大多数蜂群采用活框饲养，少数蜂群采用传统方式饲养；75%~80%的蜂群为定地结合小转地饲养，20%~25%的蜂群为定地饲养。	无濒危危险
2	华中中蜂	中心产区在长江中下游流域，分布于湖北、湖南、江西、安徽等地。	50万群	蜂王体色一般呈黑灰色，少数呈棕红色；雄蜂体色为黑色；工蜂体色多为黑色，腹节背板有明显的黄带。	抗寒性能强，抗巢虫能力差，较为温驯，盗性中等，防盗性差，易感染中蜂囊状幼虫病；育虫节律陡，早春进入繁殖较早，春季进入繁殖期可发展为6~8框蜂的群势，到主要流蜜期可维持3~4框蜂。	传统饲养，年均群产蜜5~20 kg；活框饲养，年均群产蜜20~40 kg。	大多数蜂群采用活框饲养，少数蜂群采用传统方式饲养；多数蜂群为定地饲养，少数蜂群进行转地饲养。	濒危-维持状态
3	云贵高原中蜂	中心产区在云贵高原，分布于贵州西部、云南东部和四川西南部等地。	60万群	蜂王体色多呈棕红色或黑色；雄蜂体色为黑色；工蜂体色黑，第3、第4腹节背板黑色达60%~70%，个体大。	蜂王产卵力比较强，最高日产卵量可达1000粒以上；夏季蜂群群势平均下降30%左右，越冬期群势下降50%左右；抗寒能力强，分蜂性较弱，盗性较猛，可维持群势7~8框蜂，个体比较大，采集能力强，抗巢虫能力弱，易感染中蜂囊状幼虫病及欧洲幼虫腐臭病。	定地结合小转地饲养，年均群产蜜30 kg左右；定地饲养，年均群产蜜15 kg左右。	云南、贵州以定地饲养为主，四川为定地结合小转地饲养；贵州大多数蜂群采用传统饲养方式，少数蜂群采用活框饲养；云南传统饲养与活框饲养各占一半；四川传统饲养为活框饲养的1/2。	无濒危危险

续表 1

序号	品种	中心产区及分布	群体规模	形态特征	生物学特性	生产性能	饲养管理	现状
4	滇南中蜂	主要分布在云南南部的德宏傣族景颇族自治州、西双版纳傣族自治州、红河哈尼族彝族自治州、文山壮族苗族自治州和玉溪等地。	20万群	蜂王触角基部、额区、足、腹节腹板均呈棕色；雄蜂体色呈黑色；工蜂体色呈黑黄相间。	蜂王产卵力较弱、盛产期日产卵量为500粒；分蜂性较弱，可维持4～6框蜂的群势；采集力较差，耐热不耐寒。	传统饲养、年均群产蜜量5 kg；活框饲养、年均群产蜂蜜10 kg。	基本停留在传统饲养方式上。	无濒危危险
5	阿坝中蜂	中心产区在马尔康、金川、小金、理县、九寨沟、汶川等地。主要分布于四川西北部和阿坝、甘孜两州。原产地为马尔康县。	3万群	蜂王体色多呈黑色或棕红色；雄蜂体色呈黑色；工蜂的足及腹节腹板呈黑色，小盾片呈棕黄色或黑色，第3、第4腹节背板黄色区很窄，黑色带超过2/3。	耐寒性强、分蜂性弱、抗巢虫能力强，较为温驯、采集力强，但繁殖很快、生产期最大群势可达12框蜂，最小群势0.5框蜂；春季繁殖时间比较迟，早春可发生1～2次自然分蜂，在蜜源较好的情况下，每年可发生1～2群，每次分出1～2群。	年均群产蜂蜜10～25 kg。	90%以上蜂群采用定地饲养，少量蜂群为小转地饲养；80%蜂群采用活框饲养，20%蜂群采用传统方式饲养；大部分蜂群在本地越冬和春繁。	濒危－维持状态

续表 2

序号	品种	中心产区及分布	群体规模	形态特征	生物学特性	生产性能	饲养管理	现状
6	海南中蜂	分布在海南岛大多数地区。其中：椰林蜂主要分布在海拔低于200 m的沿海椰林地区；山地蜂分布在海南岛中部地区。	2万群	蜂王体色多呈黑色；雄蜂体色呈黑色；工蜂体色呈黄灰色，各腹节背板上有黑色环带。	蜂群群势较小，其中：椰林蜂为2~3框蜂，山地蜂3~4框；山地蜂较温驯，但育王期较凶；椰林蜂较凶暴，较育王期比山地蜂温驯；易感染中蜂囊状幼虫病危害，易发生飞逃；山地蜂采集能力比椰林蜂强，善于利用山区零星蜜粉源，无须补喂饲养；椰林蜂繁殖力强，分蜂性强、喜欢采粉、采蜜性能差。	活框饲养的山地蜂，年均群产蜜量25 kg；活框饲养的椰林蜂，年均群产蜜15 kg。	65%蜂群采用活框饲养，35%蜂群采用椰桶或其他木桶等传统方式饲养；15%蜂群为定地结合小转地饲养，85%蜂群采用定地饲养。	濒危-维持状态
7	西藏中蜂	主要分布在西藏东南部的雅鲁藏布江河谷，以及察隅河、西洛木河、卡门河等河谷地带。其中：林芝地区的墨脱、察隅和山南地区的错那等县为中心主产区。	基本处于野生状态，数量不详。	工蜂体色呈黄色或灰黑色，腹部较细长。	分蜂性强、迁徙习性强，采集力较小、采集性较强、耐寒性强；其个体比滇南中蜂要大。	传统饲养，年均群产蜜量5~10 kg；活框饲养，年均群产蜜10~15 kg。	多为定地饲养；绝大多数蜂群采用传统方法饲养，极少数蜂群采用活框饲养。	濒危状态

续表3

序号	品种	中心产区及分布	群体规模	形态特征	生物学特性	生产性能	饲养管理	现状
8	长白山中蜂	中心产区在吉林省长白山的通化、白山、吉林、延边、长白山保护区以及辽宁东部等地。	1.9万群	蜂王个体较大，腹部较长，尾部稍尖，腹节背板呈黑色，有的蜂王有棕红色的腹背板上有棕色环带或深棕色；雄蜂个体黑色，体色呈黑色，工蜂个体小，体色一种为黑灰色，另一种为黄灰色。	育虫节律陡，受气候、蜜源条件影响较大，蜂王日产卵量可达960粒左右；抗寒性强；春季繁殖较快，于5~6月达到高峰，开始自然分蜂，一个蜂群每年可繁殖4~8个新分群；春季最小群势1~3框蜂，生产期最大群势12框蜂以上。	传统饲养，年均群产蜜10~20 kg；活框饲养，年均群产蜜20~40 kg。	15%蜂群采用活框饲养，85%蜂群采用传统饲养；5%蜂群采用定地为定地结合小转地饲养，95%蜂群采用定地饲养；冬季多数为室外越冬，少数为室内越冬。	濒危-维持状态
9	北方中蜂	中心产区在黄河中下游流域，分布于山东、山西、河南、河北、陕西、宁夏、北京、天津等地。	30万群	蜂王体色多呈黑色，少数呈黑褐色，雄蜂体色呈黑色；工蜂体色以黑色为主。	耐寒性强，分蜂性弱，较温驯，防盗性强，抗巢虫能力弱，易感染中蜂囊状幼虫病及欧洲幼虫腐臭病；蜂王日平均产卵700余粒，最高可达1030粒；可维持7~8框蜂以上群势，最大群势可达15框蜂。	转地饲养，年均群产蜜35 kg，最高可达50 kg；定地饲养，年均群产蜜4~6 kg。	均采用活框饲养。	无濒危危险

第二节 中蜂品种选育标准

中蜂是我国具有优良性能的地方品种，与西蜂相比，中蜂仍存在着一些缺点与不足，不利于中蜂生产性能的提高，制约着中蜂养殖业的发展。因此，在养蜂生产中，中蜂品种选育特别重要。培育蜂王时，我们应选择产卵能力强、群势强大、工蜂采集能力强和抗病害能力强等优良遗传特性的蜂群来进行育王育种，以提高养蜂经济效益。这些优良的经济性状，必须通过长期的不断选择培育才能实现。中蜂品种的选育标准，主要表现在以下几个方面：

一、蜂王产卵性能好

一个蜂群中，蜂王的产卵能力强，则子脾面积大，繁殖速度快，能维持强群；反之，则子脾面积小，蜂群发展慢，很难成为强群。因此，培育蜂王时，应该选择蜂王个体大、产卵能力强、分蜂性弱、蜂蜜产量高、能维持强群的蜂群作为种用蜂群。一般认为，中蜂强群标准应在6～8框蜂。

二、工蜂采集能力强

一般个体大的工蜂，其口喙比较长，口喙长的工蜂不仅能采集浅冠管花朵中的花蜜，而且还能对一些深冠管花朵中的花蜜进行有效采集；而口喙短的工蜂只能采集一些浅冠管花朵中的花蜜。因此，工蜂个体大、口喙长的蜂群，其采集能力强，蜂蜜产量高。培育蜂王时，应该选择工蜂口喙长大于5.30 mm，巢房内径大于5.00 mm，蜂蜜产量高的蜂群作为种用蜂群。

三、蜂群抗病能力强

中蜂囊状幼虫病暴发季节，部分蜂群感染此疾病后仍然能生存下来，并经过几代的繁衍生息，对该疾病已具备一定的抵抗力。因此，培育蜂王时，应选择在爆发中蜂囊状幼虫病的蜂场中而没有发病的蜂群作为种用蜂群。

四、蜂群迁飞习性弱

同一个蜂场中的不同蜂群，蜜蜂的性情各不一样。稳定性好的蜂群，其蜂王腹部细长、尾部贴近巢房眼、不畏光、产卵整齐有序，工蜂性情比较温驯且护脾能力强，不易闹分蜂，容易维持大群；稳定性较差的蜂群，其蜂王腹部短小、尾部略钝、对光线比较敏感，工蜂性格暴躁、爱争斗、易蜇人、好分蜂、易飞逃。因此，培育蜂王时，应该选择性情温驯、迁飞性弱、护脾能力强的蜂群作为种用蜂群。

第三章　中蜂生物学特性

　　全面掌握中蜂的生物学特性是养好中蜂的最基本条件之一。在养蜂生产管理中，对中蜂的生物学特性了解得越多，掌握得越透彻，那么在管理蜂群时，就会更加科学合理，养蜂经济效益就会越好。

第一节　中蜂的群体结构

　　中蜂是一种社会性群居动物，其生存的最小单位为"群"，蜂王、工蜂、雄蜂（简称为"三型蜂"）中任一个体，均不能脱离群体而独立生存，它们都是群体中不可缺少的一分子，所有蜜蜂个体都必须依靠群体的力量才能共同抵御外敌、繁衍生息，从而得以共同生存和发展。

　　一个正常的蜂群通常由一只蜂王、成千上万只工蜂和数百只雄蜂组成。工蜂在蜂群中数量最多，数量少则几千只，多则数万只，性别雌性，个体较小。工蜂在性别上属于雌性，但因其卵巢退化而不会产卵，主要职责是担负蜂群内饲喂幼虫、清理巢房、保温除湿、看护蜂王、采蜜、采粉、采水、采盐等巢内外的一切工作。蜂王个体较大，腹部长，性别雌性，是蜂群中唯一能产卵的母蜂，产卵能力超强，每天至少产数十粒卵，多则可产数百乃至上千粒卵。蜂王的主要职能就是产卵，是蜂群中所有其他成员的唯一母亲。

　　晚春和夏季，当蜂群处于繁殖盛期时，蜂群中就会出现几十只至上千只不等的雄蜂。雄蜂身体粗壮，通体基本为黑色，性别雄性，主要职责是负责与新蜂王交尾。一只新出生的蜂王只有通过与雄蜂成功交尾后才能正常产卵。因此在蜂群繁殖季节，培育众多的优质雄蜂是保证新蜂王实现成功交尾的保障。

第二节　中蜂的形态构造

中蜂成虫的躯体分为头部、胸部和腹部三个部分（图 3 - 1）。躯体外壳具有支撑和保护蜜蜂内部器官的作用；躯体外表密生绒毛，具有护体和保温作用，其中头部和胸部的绒毛呈羽状分叉，有利于蜜蜂采集花粉和促进植物授粉。

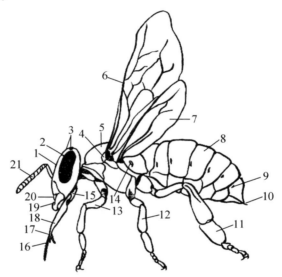

1. 头部；2. 复眼；3. 单眼；4. 翅基片；5. 胸部；6. 前翅；7. 后翅；8. 腹部；9. 气门；10. 螫刺；11. 后足；12. 中足；13. 前足；14. 气门；15. 下唇；16. 中唇舌；17. 喙；18. 下颚；19. 上颚；20. 上唇；21. 触角。

图 3 - 1　工蜂外部形态构造

一、头部

蜜蜂头部由一个细而富有弹性的膜质颈与胸部相连，是蜜蜂感觉和取食的中心。头部的体节着生眼、触角和口器等器官（图 3 - 2）。蜂王、工蜂和雄蜂的头部形状各不相同：蜂王头部呈心脏形，雄蜂头部呈圆形，工蜂头部呈倒三角形。

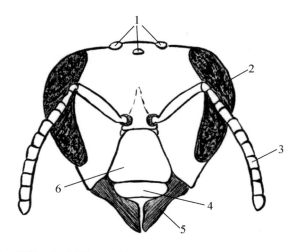

1. 单眼；2. 复眼；3. 触角；4. 上唇；5. 上颚；6. 唇基。

图 3 - 2　工蜂头部正面构造

(一) 眼

眼是蜜蜂的视觉器官，由一对复眼和三个单眼组成。复眼由数千只小眼组成，三型蜂复眼的发达程度与其视力的需要相适应。蜂王多在巢内活动，对视力要求相对较低，每一复眼由 3000～4000 个小眼组成；工蜂的每一复眼由 4000～5000 个小眼组成；雄蜂在空中追逐处女王交尾，需要发达的视力，其组成复眼的小眼多达 8000 个。复眼所捕捉到的是物影的嵌像，而单眼只能起到一定的感光作用。蜜蜂一般只能区别黄、绿、蓝、紫四种光色，对红色光无感觉。

(二) 触角

蜜蜂的触角呈典型的膝形，由柄节、梗节和鞭节等组成（图 3 - 3）。柄节呈柄状，位于触角的基部，雄蜂的柄节比工蜂短；第二节短小如梗，为梗节，与柄节呈直角弯曲；鞭节位于触角的端部，分很多亚节，可弯曲。蜂王和工蜂的鞭节有 10 个亚节，雄蜂的鞭节有 11 个亚节。除基部两个亚节外，鞭节的表面覆盖着许多与神经相连的感受器，呈毛状的称为感觉毛，呈栓状的称为栓状突，呈板状的称为板状感受器，这些触角感受器对接触和气味的刺激比较敏感。一般感觉毛和栓状突起触觉作用，而板状感受器主要起嗅觉作用。板状感受器在三型蜂触角上的数量各不一样，工蜂 5000～6000 个，蜂王 2000～3000 个，雄蜂可达 30000 个以上，这就是为什么雄蜂对蜂王的性引诱物质特别敏感的原因。

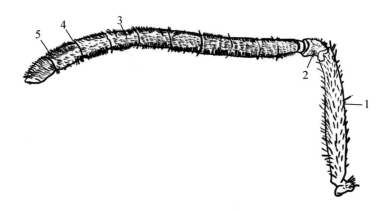

1. 柄节；2. 梗节；3. 鞭节；4. 栓状突；5. 板状感受器。

图 3 - 3　工蜂触角构造

（三）口器

蜜蜂的口器属嚼吸式，既有咀嚼固体食物的器官，也有吮吸液态食物的器官，适宜吮吸花蜜和嚼食花粉。它由上唇、上颚、下颚、下唇等组成。

上唇位于唇基下方，为单一的横片，可前后活动，具有从口器前方阻挡食物的作用。上唇内侧有一从唇基内壁突出延伸的柔软膜片——内唇，其上富有味觉器。

上颚属咀嚼器官，具有咀嚼花粉等固体食物、使用蜂蜡和蜂胶、清理巢房、抵御外敌等作用，并在吸食时支持喙基。三型蜂的上颚大小、形状各有差异。工蜂上颚的基部粗壮，中间缩窄，端部膨大变宽；蜂王上颚比工蜂略大，基部更加粗壮，端部锐利，能够在羽化时自行咬开坚实的茧衣出台，而工蜂破坏王台时，不能直接从王台封口处攻入，只能从王台侧面进行破坏；雄蜂上颚较小，基部略宽，端部狭小，几乎弱小退化。

口喙是蜜蜂的吮吸器官，由下唇和下颚组成，其基部紧密相连，着生于蜜蜂头背部后头孔下方的喙窝膜质上。

下颚位于上颚后方、下唇两侧，由轴节、茎节和盔节组成。下唇基部是一个三角形后颏，支接于喙基片上，与后颏相连的为前颏。前颏的前壁与舌后壁围成唾窦，唾管开口于唾窦底部。前颏端部两侧着生一对细长扁平的下唇须，每根下唇须由两个较长的基节和两个较短的端节组成，其端部着生众多的触觉和味觉感觉器。中央着生一根中唇舌，中唇舌端部有一圆形的中舌瓣，中唇舌的舌杆由多毛的硬环和狭窄光滑的膜质相间组成，因此中唇舌能伸长和缩短。中唇舌基部由一对短叶状的侧唇舌包围，可将唾窦中流出的唾液引向中唇舌腹面的唾道中。蜜蜂的食窦和唾窦有吮吸和还吐功能，适宜采蜜、酿蜜、采水和饲喂等工作。

（四）涎腺

蜜蜂的涎腺共 2 对。其中一对位于蜜蜂头腔的背侧，称之为头涎腺；另一对位于蜜蜂胸腔的腹侧，称之为胸涎腺。胸涎腺在蜜蜂幼虫期形成，而头涎腺在蜜蜂蛹期形成。涎腺所分泌的涎液中含有转化酶，转化酶混入花蜜后，能使蔗糖迅速转化为葡萄糖和果糖，并将花蜜酿造成蜂蜜。

（五）王浆腺

王浆腺又称为舌腺，位于蜜蜂的头部，它是由两串非常发达的葡萄状腺体所组成，其管道分别通于口片的两侧。王浆腺所分泌的产物即为蜂王浆，其营养十分丰富，是蜂王、蜂王幼虫以及雄蜂和工蜂的低龄幼虫的唯一食物。

二、胸部

胸部是蜜蜂的运动中心，由胸部体节和并胸腹节（即第一腹节）构成，骨骼和肌肉十分发达。蜜蜂胸部可分为前胸、中胸和后胸 3 节，每一胸节均由背板、腹板和一对侧板组成。中胸和后胸背板两侧各着生一对膜质翅，分别称为前翅和后翅；前胸、中胸、后胸腹板两侧各着生一对足，分别称为前足、中足和后足。并胸腹节由一大的背板和狭窄的横形腹板组成，与胸部形成一整体。

（一）翅

蜜蜂的翅可分为前翅和后翅 2 对，前翅大于后翅，分别着生于中胸和后胸背板两侧（图 3-4）。翅呈透明膜质，翅上有网状翅脉，是翅的支架。翅基部有翅关节片，翅关节片控制蜜蜂翅的张开、折叠、飞行、振翅、扇风等活动。翅的连锁器是蜜蜂协调飞行中前后翅运动的器官，由后翅前缘一排向上弯曲的小钩和前翅后缘向下弯曲的卷褶组成。当蜜蜂展翅飞行时，前翅从后翅上面掠过，后翅的小钩自然地和前翅的卷褶连锁在一起，以增强蜜蜂的飞翔能力。雄蜂的翅比工蜂发达，翅钩也比工蜂粗壮，有利于婚飞。

除飞行外，蜜蜂翅还有扇风以调节巢内温湿度、促进花蜜浓缩及振动发声以传递信息等功能。

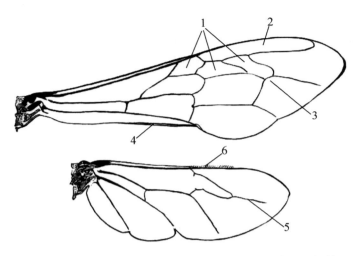

1. 亚前缘室；2. 前缘室；3. 肘脉；4. 卷褶；5. 中脉；6. 翅钩。

图 3-4　蜜蜂翅构造

（二）足

蜜蜂有前、中、后 3 对足，分别着生于前胸、中胸、后胸腹板两侧。每对足的大小和形状各不相同，但均由基节、转节、股节、胫节、跗节和前跗节等 6 节组成（图 3-5）。

蜜蜂跗节共有 5 节，位于足末端的前跗节由一对坚硬锐利的爪和一个柔软的中垫组成，是蜜蜂攀附和行走时支撑的器官。蜜蜂行走和停留时，有利于在粗糙表面用爪抓附和在光滑表面用中垫吸附。

工蜂足的构造属于高度特化的类型。因此，工蜂足除了行走外，还具有采集和携带花粉的重要功能。由于蜂群社会化的分工，蜂王和雄蜂的这些特化构造均已退化。

工蜂前足着生于前胸腹板两侧。工蜂前足上具有由凹槽和指状突共同组成的净角器，可清除触角上的花粉、灰尘等异物；工蜂前足基跗节内缘边上，密生排列整齐的硬毛，称为跗刷，主要功能为收集黏附在头部的花粉粒。

工蜂中足基跗节内缘边也有跗刷构造，其主要功能为收集黏附在胸部和腹部的花粉粒。中足的胫节近端部内缘，有一可活动的胫距，用以清理翅基和气门。

工蜂后足的基跗节内侧表面，着生有横向排列整齐的花粉栉，主要承接前足和中足跗刷收集来的花粉粒；后足胫节端部后缘，着生一排硬齿的花粉耙，可将相对一侧后足花粉栉上的花粉粒刮到花粉耙的齿根处，即花粉筐下部，再通过胫节和基跗节间的关节抽动，由耳状突将其推入花粉筐中；后足胫节外侧为花粉筐，是携带花粉团的器官，其表面略凹陷、光滑无毛，基部窄、端部宽，蜜蜂采集花粉时，花粉团在此处形成。花粉筐周边着生弯曲的长毛，可起到从四周固定花粉团的作用。靠近端部中心处，生长一根较长的硬刺，花粉团将其围绕其中，稳固花粉筐中的花粉团。

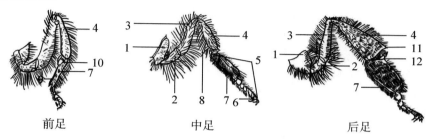

1. 基节；2. 转节；3. 股节；4. 胫节；5. 跗节；6. 前跗节；7. 基跗节；8. 胫距；9. 跗刷；10. 净角器；11. 花粉耙；12. 耳状突。

图3-5　工蜂足构造

三、腹部

腹部是蜜蜂的消化和生殖中心，由除第一腹节（并胸腹节）外的腹部其他体节构成。腹腔内充满血液，内含复杂的消化、排泄、呼吸、神经、循环、生殖等系统，但外部形态比较简单。每一腹节背板两侧有一对气门，是蜜蜂呼吸系统的开口。此外，还有蜡腺、臭腺、螫刺等结构和器官。

（一）蜡腺

蜡腺为工蜂所独有，共4对，呈卵圆形，表面光滑，位于第4～7腹节腹板上。常态下，蜡腺被前一腹节腹板完全覆盖。蜡腺细胞分泌的蜡液通过镜膜微孔渗透到蜡镜表面，与空气接触后，便凝结成蜡鳞，工蜂用以筑造巢房。蜡腺细胞从工蜂羽化出房后第3～5日龄起，便开始发育和泌蜡，12～18日龄最为发达。蜂王和雄蜂的蜡腺已退化。

（二）臭腺

工蜂腹部第七节背板前缘表面有许多微孔，具微孔的背板内部有一个腺体，即为臭腺，能分泌一些挥发性物质，产生特殊的气味。臭腺物质是蜜蜂的引导信息素，在招引、采集、认巢、团集时，以气味作为信号招引同伴。

（三）螫刺

螫刺是蜜蜂的自卫器官，着生于第七腹节内螫刺腔中，螫刺基部悬在螫刺腔膜质壁上，由失去产卵功能的产卵器特化而成，为雌性蜜蜂所特有。蜜蜂的螫刺由螫杆、螫刺基和毒囊三部分组成（图3-6）。

螫杆由1个中针和1对螫针组成，中针由中产卵瓣特化而成，螫针由腹产卵瓣特化而成。中针腹面两侧的滑轨与螫针上的凹槽互相配合，使螫针能在中针的滑轨上相对滑动。中针和螫针间闭合成毒液道，与毒囊相通，毒液经毒囊道直达螫针端部，注入敌体。中针末端表面有3对逆齿，螫针近端部侧缘有10个左右的倒齿，蜂王螫针倒齿比工蜂少且小。在中针和螫针倒齿上，有像按钮似的感受器，这种感受器可用于感觉螫杆刺入敌体深度。

螫刺基由螫刺球、附腺、1对弯臂和3对不同的骨片和肌肉、神经节组成，是蜜蜂使用螫刺和螫针在中针上相对滑动时的动力和传动部分。

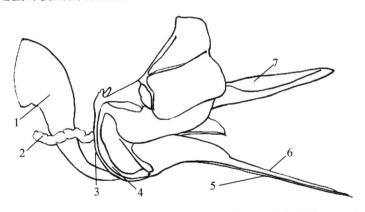

1. 毒囊；2. 碱腺；3. 中针梃；4. 螫针梃；5. 螫针（腹产卵瓣）；6. 中针（内产卵瓣）；7. 背产卵瓣。

图3-6 工蜂螫刺构造

在自卫行为中，蜜蜂将螫杆伸出刺入敌体，毒囊收缩排毒，在逆齿的作用下，由于两根螫针相对滑动使螫杆越刺越深，最后整个螫刺与蜂体断裂，螫刺便留在敌体内。此时，连接螫刺和毒囊的肌肉在交感神经的作用下，会出现有节奏地收缩，使螫刺继续深入射毒，直至毒囊中毒液排尽。失去螫刺的工蜂，不久便会死亡。

蜂王的螫刺略弯曲且稍粗，也具有毒腺和毒囊，但没有工蜂发达，其主要功能为同其他蜂王搏斗或破坏王台时使用。雄蜂没有螫刺。

第三节　中蜂的三型蜂生活

蜂王、工蜂、雄蜂简称为"三型蜂"，其生活习性如下：

一、工蜂的生活

根据工蜂的日龄以及其所承担的工作性质，可将工蜂分为幼年蜂、青年蜂、壮年蜂和老年蜂四个时期。幼年蜂和青年蜂主要从事巢内的工作，统称为"内勤蜂"；壮年蜂和老年蜂主要从事巢外的工作，统称为"外勤蜂"。

（一）工蜂的四个时期

1. 幼年期（6 日龄以前的工蜂）

1～3 日龄——此期工蜂由其他日龄稍大的工蜂进行饲喂，但此期工蜂能够担负清理巢房、保温孵卵等工作。

4～5 日龄——此期工蜂能够调制花粉，担负饲喂大幼虫等工作。

2. 青年期（6～18 日龄的工蜂）

6～12 日龄——此期工蜂王浆腺已发育成熟，能够分泌王浆。主要负责饲喂小幼虫和蜂王以及看护蜂王等工作。

13～18 日龄——此期工蜂蜡腺已发育成熟，能分泌蜂蜡。主要负责酿蜜、筑造巢房、清理蜂巢、夯实花粉、练习飞行、识别蜂巢所处方位、调节蜂巢温度等大部分巢内工作。

3. 壮年期（20～40 日龄的工蜂）

20～40 日龄——此期工蜂的营养腺、蜡腺已相继退化，身体比较轻捷，有利于飞行和携带采集物。主要负责采蜜、采粉、采水、采盐等巢外采集工作。

4. 老年期（40 日龄以上的工蜂）

40 日龄至死亡——此期工蜂身体上绒毛大多已磨损，有些连翅也受损残缺，体色变黑，体形瘦小。主要负责寻找蜜源、新巢、攻击敌人等工作至老死野外。

（二）工蜂的寿命

工蜂的寿命因蜂群的群势强弱和不同季节而各异。强群所培育出来的工蜂，其寿命要比弱群的更长。越冬期，工蜂寿命可长达 6 个月以上；大流蜜期，工蜂因昼夜不停地工作，其寿命一般只有 40～45 天，极少数可延续到 3 个月；非流蜜期，工蜂寿命多在 60 天左右。

一般情况下，只有当工蜂承担与自己日龄相匹配的工作时，才能长寿；特殊情况时，工蜂因急需承担与各自日龄不相匹配的工作，其寿命会相应缩短，例如，分蜂后的新分群中，一些壮年蜂会重新分泌蜂王浆饲喂蜂王及小幼虫，而留守群中的幼年蜂可在极短时间里学会认巢飞行，并迅速开始出巢进行采集工作。

二、蜂王的生活

(一) 蜂王的作用

蜂王的主要职能为产卵繁衍后代。一个蜂群中蜂王质量的优劣直接影响蜂群的生产力，蜂王品质的优劣是判断蜂王优质基因是否可以传承的唯一依据。因此，养蜂生产中，我们应该提倡选择生产性能好、繁殖力强、抗逆性好的蜂王来培育新一代蜂王，以传承优质基因。另外，蜂王可以通过自身分泌的特有"蜂王信息素"来控制蜂群，这样既可以保持蜂王对工蜂的吸引力，让工蜂采集花蜜，饲喂蜂王，又可以有效控制工蜂产卵现象的发生。相反，在蜂群中，一旦发生失王现象，工蜂就会产生失王情绪，随即在巢房内开始产卵。

(二) 蜂王的产生

蜂王的产生有三种途径，即通过自然分蜂、自然交替和急迫改造所产生。

1. 自然分蜂。每年 3—6 月，当蜂群群势旺盛时，工蜂便在巢脾下缘或边缘筑造数个甚至数十个以上的王台，当王台成熟、新蜂王出台后，蜂群便会实现自然分蜂。此期产生的王台叫"分蜂台"（图 3-7），新蜂王叫"分蜂王"。

图 3-7　自然分蜂王台

分蜂台的特点：群势强、子旺，王台数量多，王台日龄不一，王台位置常在巢脾下缘或边缘。

2. 新老交替。当一个蜂群中的蜂王出现衰老或伤残时，工蜂一般会筑造 1~3 个王台，以培育出新蜂王进行交替，但不会发生分蜂现象。此期产生的王台叫"交替台"（图 3-8），新蜂王叫"交替王"。

交替台的特点：季节不一，群势强弱不一，王台数量少，王台日龄一致，在弱群中，王台位置接近巢脾中部。

图 3-8 新老交替王台

3. 急迫改造。当一个蜂群中的蜂王突然死亡时，24 h 内工蜂就会紧急改造工蜂房中 3 日龄内的幼虫，培育成新蜂王。此期产生的王台叫"改造台"（图 3-9），新蜂王叫"改造王"。

图 3-9 急迫改造王台

改造台的特点：培育时间快，一般蜂群失王几个小时后就开始培育，最迟不超过 2 天；采用大量的幼虫和卵进行培育，有的甚至用雄蜂幼虫进行培育，所培育出的王台日龄不一，质量差；王台数量在 10 个以上，不会发生自然分蜂；王台位置多变，有些在巢脾的下缘，也有些在巢脾的其他位置。

（三）蜂王的食物

蜂王幼虫期一直以蜂王浆为食，直到长大至成虫。在成虫期，蜂王大多以蜂王浆为食并能保持极高的产卵能力；在严冬或酷暑等蜂群休眠期，蜂王会以蜂蜜为食，产卵完全停止。从而表明，蜂王产卵与否不是由蜂王自己来决定，而是由工蜂给不给蜂王饲喂蜂王浆来启动或终止。

（四）蜂王的出台

一个蜂群中一般只有而且只能有一只蜂王。一旦两只蜂王同处一巢，不管她们是"姊妹"还是"母女"关系都会发生决斗。在特殊情况下，当蜂群中出现蜂王衰老、残疾或因生理性产卵量下降等现象时，工蜂就会自行培育出一个新蜂王以替换原有蜂王，而且老蜂王在新蜂王出台后，甚至产卵后还会与新蜂王同巢生活一段时间，但是同巢时间不会很长。因此，当新蜂王即将出台前，老蜂王就会携带原蜂群中约半数的休闲蜂飞离原巢，迁往他处筑巢而居。

当一个健全的新蜂王出台后，就会巡视全巢，寻找并破坏其余王台。新蜂王破坏王台时，首先攻击快要成熟的王台，在破坏王台过程中，如果其行为不被工蜂所阻挠，新蜂王就会用其强有力的上颚，咬穿王台侧壁，用螯针将王台中的蜂王蛹刺死。然后，工蜂就会抛弃蜂王蛹并毁除王台壳。

（五）蜂王的交尾

处女王在 3～5 日龄以后开始性成熟，并开始出巢婚飞交尾。交尾时间大部分发生于 8～9 日龄，最早发生于 6 日龄，最迟在 15 日龄左右。蜂王的交尾通常选在晴暖的午后 13：00—17：00 时，气温 20 ℃以上的天气，气候越好，雄蜂越多，越有利于处女王交尾。判断处女王交尾成功与否的标志（也称之为"交尾标志"）为交尾返巢的处女王的螯针腔中是否拖带一小段白色线状物，如螯针腔中拖带一小段白色线状物，表明处女王交尾成功。处女王在一次婚飞过程中，可连续与多只雄蜂进行交配，并可以多次重复婚飞，交尾成功并开始产卵后，处女王终身不再进行交尾。处女王的婚飞范围因地形而异，在山区、丘陵地带，处女王的婚飞半径为 2～5 km，雄蜂的婚飞半径为 5～7 km；在平原地区，处女王和雄蜂的婚飞半径要比山区大。处女王因先天不足、营养不良或天气连绵阴雨等原因而错过了交尾期，这样的蜂王称为老处女王，只能被淘汰。

（六）蜂王的产卵

蜂王通常在交尾后 2～3 天开始产卵。根据相关资料介绍：在繁殖高峰季节，中蜂蜂王每天的平均产卵量为 600～900 粒，最高可达 1100 粒，而意蜂蜂王每天的平均产卵量为 1000～1500 粒，最高可达 2000 粒以上。蜂王产卵时，一般从蜜蜂密集的蜂巢中央开始，然后以螺旋线顺序向四周扩展，再依次向左右巢脾展开。在每一张巢脾上，产卵范围呈现为椭圆形状，俗称为"产卵圈"。根据蜂王产卵力和工蜂的寿命推算：一个意蜂强群可达到 5 万～6 万只工蜂；一个中蜂强群可达到近 3 万只工蜂。按一框蜂大约 3000 只蜜蜂计算，一个意蜂强群可以达到 16 框蜂以上群势，一个中蜂强群可以达到 8 框蜂以上群势。

正常情况下，蜂王在每个巢房中只产下一粒卵，在工蜂房和王台中产下受精卵，在雄蜂房中产下未受精卵。但是，在蜂王产卵力旺盛时，如果巢房比较缺少，蜂王在巢房中产遍一次卵以后，就会出现重复产卵现象，这种现象在小型交尾箱中比较常见。另外，弱群蜂王也有在狭小的保温圈内重复产卵的现象。

（七）蜂王的决斗

蜂王的螯针是由产卵器特化而成，略微弯曲，不会蜇人。在一个蜂群中，除母女蜂王自然交替外，通常情况下，蜂王不能容忍蜂群内有另外一只蜂王共同存在。当一个蜂群中出现另外一只蜂王或王台时，两只蜂王相遇就会用各自的螯针进行格斗或者用螯针毁掉王台，其结果就是一只蜂王惨死在另一只蜂王的螯针之下。即便这两只蜂王是"同胞姊妹"或"母女"关系，也毫不例外。

（八）蜂王的寿命

蜂王的自然寿命一般为 3～5 年，但其产卵能力一般从第二年开始就有下降的趋势，继而蜂王物质的分泌也会随之减少。因此，在养蜂生产中，为了提高蜂王的产卵力，提倡每年更换一次蜂王。

当然，如果遇到生产性能表现特别好的蜂王，也可将其作为优质种王保留饲养直至其寿终正寝。

（九）蜂王的迁飞

蜂王一旦开始产卵，就不再外出，只在蜂巢中担任产卵工作。但是，当蜂群群势发展到一定阶段时，工蜂就会在巢脾下部或边缘筑造王台，蜂王将被工蜂逼迫在王台中产下受精卵。同时，工蜂将会逐渐减少对蜂王饲喂蜂王浆的量，并最终导致蜂王完全停止产卵。待新蜂王即将出台前，老蜂王将被蜂群中近一半数量的工蜂裹挟离开原巢而迁往他处另筑新巢。

三、雄蜂的生活

（一）雄蜂的职能

雄蜂无蜡腺、王浆腺和臭腺，舌短，不具螫针，这些特点决定了雄蜂不能自食其力，其生存命运只能取决于工蜂对它们的态度。但是，雄蜂具有强健粗壮的身体及宽阔有力的翅膀，生殖器官和复眼发达，嗅觉灵敏，这些特点适宜寻找婚飞中的蜂王并与之交尾。因此，雄蜂在蜂群中的唯一职能就是在培育蜂王的时候负责与处女王交尾。雄蜂一般会出现于晚春和夏季的分蜂季节，秋末后逐渐消失。在一个蜂群中，雄蜂数量在数百只至数千只之间，培育数量众多的雄蜂是实现与处女王顺利完成交尾的保证。

（二）雄蜂的青春期

3～7日龄雄蜂已具备飞翔能力，并开始作认巢和排泄飞行；10～20日龄雄蜂会频繁出巢飞行，以便寻找与处女王交尾的机会。这些表明，此时的雄蜂已进入寻找处女王交尾的活跃时期，称之为"雄蜂青春期"。

（三）雄蜂的婚飞

处女王出巢婚飞后，所有处于青春期的雄蜂均有机会追上该处女王并与之交尾，但最终能与处女王交尾成功的雄蜂数量十分有限。当雄蜂与处女王交尾后，仅一秒钟时间内，雄蜂因生殖器官撕裂而从处女王腹背上突然后翻，迅速瘫痪死亡。

（四）雄蜂无群界

由于各蜂群培育雄蜂的时间相对一致，使得各蜂群在每年的交尾繁殖期均具有或多或少数量的雄蜂。在分蜂季节，一旦某群的雄蜂误入它群，很少会受到守卫蜂的攻击。这种特性，有利于蜂群避免近亲繁殖。

（五）雄蜂的寿命

在蜜源充足的环境条件下，雄蜂的生理寿命可达到3～4个月。但是，流蜜期结束以后或一旦新蜂王完成交尾，雄蜂已失去存在的意义，工蜂常将雄蜂驱赶至边脾或箱底，甚至拖出蜂箱让它们饿死在野外，因此很少有雄蜂能活到老死。

第四节　中蜂的自然分蜂

每年的春夏之交，当中蜂群势发展到一定阶段时，蜂群内就会开始培育雄峰，继而培育新蜂王。待新蜂王即将出台前，老蜂王会被蜂群内近一半左右数量的休闲工蜂裹挟而飞出原巢，另寻他处营造新巢；而留在原巢中近一半数量的工蜂都是刚羽化出房不久，尚不具备飞翔能力的幼年蜂和在巢内有事可干的青年蜂，以及因外出采集而错过分蜂的壮年蜂。待新蜂王出台，相继完成性成熟、试飞、婚飞并最终产卵后，由新蜂王接替老蜂王的职能，继续维持原巢中的正常生产秩序，我们将中蜂这种以群体方式完成的特殊繁殖过程，称之为"自然分蜂"。中蜂分蜂性比较强，一年可发生 2～3 次自然分蜂；而意蜂分蜂性比较弱，一年只发生 1 次自然分蜂。

一、分蜂因素

（一）环境因素

1. 外界环境。较为充足的蜜粉源条件，为中蜂的群势发展和分蜂后的生存提供了物质基础。所以，分蜂常发生于蜜粉源较充足、群势大幅度增长的季节。另外，闷热的气候也容易促成分蜂的发生。

2. 巢内环境。蜂巢拥挤、通风不良、巢温过高、粉蜜压脾、无扩巢余地等，都能促成分蜂热的发生。

（二）蜂群因素

新蜂王产卵能力强，释放的蜂王物质较多，能有效地控制和消除分蜂热的发生；老蜂王由于产卵能力下降，使蜂群中幼虫少、哺育蜂多，哺育力过剩，从而导致蜂群中休闲蜂的分蜂情绪高涨，促使分蜂热的发生。另外，分蜂热的发生与群势强弱十分相关，群势越强，蜂群越容易发生分蜂热；群势越弱，发生分蜂热的风险越小。

（三）季节因素

在分蜂季节，一般中蜂会普遍发生分蜂，即使群势不是很强的蜂群也便如此。大部分地区的分蜂季节多在春季，有些地方的分蜂也可以从春季持续到夏季，甚至有些地方秋季也会发生分蜂。但是，在非分蜂季节，即使群势达 8～10 框蜂的强群，也基本不会发生分蜂。

二、分蜂机制

(一) 蜂王物质不足

新蜂王释放的蜂王物质较多，而老蜂王释放的蜂王物质相对较少，所以新蜂王控制分蜂的能力要比老蜂王强。

(二) 工蜂营养过剩

分蜂季节，由于强群中青壮年工蜂多，外界蜜源泌蜜量不大，巢内粉蜜已贮满，而巢内又无造脾余地，工蜂不能投入到正常的采酿活动。再加上蜂王产卵锐减，巢内幼虫少，哺育工作减轻，导致大部分工蜂无事可做等原因，从而导致工蜂体内营养消耗减少，出现营养过剩现象。

(三) 环境温度偏高

一是群势强盛致使蜂巢内拥挤和通风不良；二是由于气候闷热或蜂箱遮阴不足，阳光长时间直射，导致蜂巢内温度偏高。另外，环境温度偏高会导致大量工蜂出现卵巢发育现象。

三、分蜂征兆

1. 工蜂在蜂箱外团集，挂起"蜂胡子"，消极怠工，不外出采集。

2. 蜂群内出现数个至数十个日龄不同的王台基，蜂王在王台基中产卵，王台封盖2～5天后工蜂少喂或停喂蜂王，蜂王腹部明显收缩，预示着分蜂即将发生。

3. 蜂群中出现一定数量的雄蜂。

四、分蜂过程

大多数中蜂的分蜂时间发生在晴好天气的11：00—15：00，也有极少数分蜂发生在阴雨天气。

1. 分蜂开始时，先由少数老蜂在巢门前低空飞行引导，1～2 min后，蜜蜂如决堤之水倾巢而出。

2. 分蜂群在蜂场上方盘旋，等待老蜂王飞出原巢。

3. 老蜂王飞离原巢后，分蜂群便在离原巢不远处选择树干或适当附着物进行团集，并派出数只至数十只老年侦查蜂四处寻找适宜筑造新巢的树洞、墙缝、地穴等处，分蜂群则在团集处安静等候（图3-10）。

4. 待老年侦查蜂返回后，分蜂群在老年侦查蜂的带领下，盘旋着飞往新居处。

图 3－10　分蜂群团集在树干上

5. 到达新居后，老年侦查蜂在巢门处招引同伴进入新居，并立刻开始筑造新巢，部分工蜂开始认巢后外出采集花蜜花粉。当第一张新脾出现雏形时，蜂王便恢复产卵，分出群逐渐恢复正常生活，完成分蜂过程。

五、分蜂控制

（一）适时取蜜

流蜜初期，当外界尚有辅助蜜源时，应提早采收封盖蜜，以促进工蜂采蜜的积极性，使蜂群保持正常的工作状态。

（二）及时扩巢

外界蜜粉源良好，蜂群处于快速繁殖状态时，应适时加础造脾，扩大蜂巢，充分发挥蜂王的产卵力和工蜂的哺育力，增加工蜂的工作量。

（三）抽强补弱

将强群中的封盖子脾与弱群中的卵虫脾调换，以加大强群的哺育负担，不使强群哺育力过剩。

（四）改善通风

炎热季节，扩大巢门，改善蜂群通风、遮阴等条件。同时，采取给蜂箱洒水降温等措施。

（五）更换蜂王

用处女王或新产卵王替换采蜜群中的老蜂王，通过新蜂王分泌的"蜂王信息素"来控制蜂群，以保持蜂王对工蜂的吸引力，可有效控制和消除采蜜群的分蜂热。

（六）互换飞翔蜂

流蜜期，当采蜜群产生分蜂热时，可与群势弱的繁殖群互换蜂箱位置，使两群的飞翔蜂互相交换，以削减采蜜群的群势。

（七）增加工蜂的工作量

连绵阴雨天气，由于大量工蜂不能外出采集，造成蜂巢内大量工蜂处于休闲状态，极易使蜂群产生分蜂情绪。此时，可以采取奖励饲喂、加础造脾等措施，人为增加工蜂的工作量，以消除分蜂热。

（八）人为分蜂法

具有异常顽固分蜂热的蜂群，用上述方法无法控制时，可采用模拟自然分蜂的办法消除分蜂热。

第五节　中蜂的发育历期

一、中蜂发育的四个阶段

蜜蜂属完全变态昆虫，其个体发育过程必须经过卵、幼虫、蛹及成虫四个阶段。不同的地方，由于蜂种、气候等条件的影响，蜜蜂的发育历期则表现出不同程度的差异。但是，蜜蜂具有某些恒温动物的特性，在蜂王保持正常产卵状态下，蜜蜂始终能将巢内培育幼虫的局部区域温度维持在 34.4 ℃～34.8 ℃。如果外界温度偏低，蜜蜂就会加热蜂巢；如果外界温度偏高，蜜蜂可通过扇风和蒸发水分的方式来降温。正是因为蜜蜂具有强大的调节巢内温度的能力，才使得蜜蜂幼虫的发育历期变得相对比较稳定。中蜂和意蜂三型蜂各阶段的发育历期见表 3-1。

表 3-1　　　　　　　中蜂和意蜂三型蜂各阶段发育历期　　　　　　单位：天

型别	蜂种	卵期	幼虫期	封盖期	出房日期
蜂王	中蜂	3	5	8	16
	意蜂	3	5	8	16
工蜂	中蜂	3	6	11	20
	意蜂	3	6	12	21
雄蜂	中蜂	3	7	13	23
	意蜂	3	7	14	24

在养蜂生产中，可根据上述中蜂的发育历期时间科学安排生产，正确推断群势发展、预测分蜂、培育蜂王、培育适龄采集蜂和适龄雄蜂等。

二、中蜂发育历期的应用

（一）推算培育适龄采集蜂的时间

根据工蜂的发育历期及工蜂日龄活动的规律，可以推算出大量培育适龄采集蜂的时间，即中蜂工蜂从卵期到羽化出房的发育历期为 20 天，工蜂羽化出房后至开始采集需要的时间为 18 天，积累采集蜂的时间为 7 天，则培育适龄采集蜂需要的最短时间为 45 天。因此，培育大量适龄采集蜂的时间须在流蜜期前 45 天开始。

（二）推算培育蜂王和雄蜂的时间

培育适龄处女王和雄蜂应从以下三个方面的时间来考虑：

（1）移虫育王所培育的处女王从卵期到羽化出房的发育历期需要 13 天（不包括卵期 3 天），而雄蜂从卵期到羽化出房的发育历期为 23 天。

（2）处女王性成熟为出房后的第 3 天，雄蜂性成熟为出房后的第 10 天。

（3）积累雄蜂的时间为 7 天。

因此，通过移虫育王来培育蜂王时，处女王从卵期到羽化出房至性成熟所需时间为 16 天；雄蜂从卵期到羽化出房至性成熟所需时间为 40 天。由此可见，培育雄蜂的时间应在移虫育王前 24 天开始，即见到雄蜂出房就开始移虫育王。

（三）判断蜂王是否存在或失王的时间

检查蜂群时，要在密集的工蜂中间找到蜂王，往往需要花费较长的时间。在这种情况下，可以根据工蜂的不同发育阶段的时间来判断蜂王是否存在和蜂群失王的时间。例如，蜂群内无卵，但有大、小幼虫和封盖子，表明蜂群失王 3 天；蜂群内只有大幼虫和封盖子，表明蜂群失王 6 天；蜂群内只有封盖子，表明蜂群失王 9 天或 9 天以上；蜂群内无任何卵虫和封盖子，表明蜂群失王 21 天或 21 天以上。

第六节　中蜂的采集活动

中蜂生长发育过程中所需要的蛋白质、脂肪、糖类、水、无机盐类、维生素等营养物质，都是通过工蜂外出采集花蜜、花粉、水和盐类等所获得。采集蜂多为壮年蜂和老年蜂。

外界蜜粉源、气候条件、巢内需要等都是影响蜜蜂采集活动的主要因素。当外界蜜粉源丰富、巢内粉蜜缺乏时，能够刺激蜜蜂积极外出采集；当天气寒冷、酷热或大风阴雨时，则不利于蜜蜂外出采集。工蜂外出采集飞行的最适温度为 18 ℃～30 ℃。

一只蜜蜂外出采集前，大约要吃 2 mg 蜂蜜，而每飞行 1 km，则要消耗蜂蜜 0.5 mg。因此，蜜蜂在外出采集前所吃的蜂蜜量，能够维持飞行距离 4～5 km，也就是说蜜蜂的采集活动在 2.5 km 范围。一般意蜂的采集半径在 2.5 km 以内，中蜂的采集半径为 1.5 km 左右。

一、花蜜的采集与酿造

当野外蜜源植物开花流蜜时，侦查蜂回到蜂群中通过圆舞或摆尾舞的方式告知蜜源植物的方向和距离。一般圆舞只能表明蜜粉源的距离（100 m 以内），但不表明方向（图 3 - 11）。蜜蜂用圆舞表示蜜粉源距离时，通常是在同一位置上重复转圆圈，一次向左，一次向右。大约半分钟后，转移到另一位置重复圆舞；摆尾舞既能表明蜜粉源的距离（100 m 以外），又能表明方向（图 3 - 12）。蜜蜂用摆尾舞表示蜜粉源距离时，通常以一定时间内摆尾舞的转身次数来表示，例如，蜜粉源在 100 m 处，蜜蜂在 15 s 内转身9～10 圈；200 m 处，转身 7 圈；1000 m 处，转身 4.5 圈。

图 3 - 11　蜜蜂圆舞

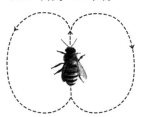

图 3 - 12　蜜蜂摆尾舞

摆尾舞中蜜粉源的方向（以太阳为参照物）是用舞圈中轴和重力线所形成的交角以及蜜蜂头部方向来表示。当舞圈中轴与重力线重合时，蜜蜂头部向上行进，则表明蜜粉源位于太阳相同方向上（图 3-13）。

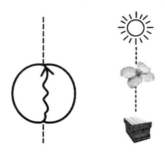

箭头表示蜜蜂前进方向，垂直虚线表示重力线。

图 3-13　蜜蜂摆尾舞所示的蜜源方向与距离（一）

当舞圈中轴与重力线重合时，蜜蜂头部向下行进，则表明蜜粉源位于太阳相反同方向上（图 3-14）。

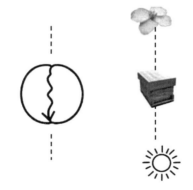

箭头表示蜜蜂前进方向，垂直虚线表示重力线。

图 3-14　蜜蜂摆尾舞所示的蜜源方向与距离（二）

当舞圈中轴朝逆时针方向，并与重力线形成一定角度时，则表明蜜粉源位于太阳左方相应的角度上（图 3-15）。

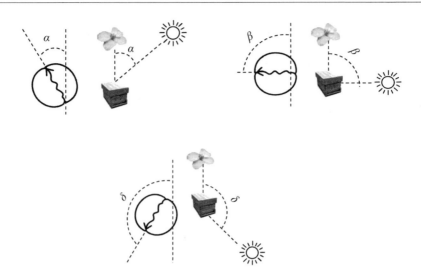

箭头表示蜜蜂前进方向，垂直虚线表示重力线。

图 3 - 15　蜜蜂摆尾舞所示的蜜源方向与距离（三）

当舞圈中轴朝顺时针方向，并与重力线形成一定角度时，则表明蜜粉源位于太阳右方相应的角度上（图 3 - 16）。

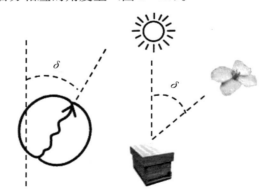

箭头表示蜜蜂前进方向，垂直虚线表示重力线。

图 3 - 16　蜜蜂摆尾舞所示的蜜源方向与距离（四）

采集蜂发现流蜜花朵后，便在花朵周围飞行几周，并将两只后足分开，于腹部两侧自由垂放。如果花朵能容纳工蜂个体时，采集蜂便直接降落在花朵上，工蜂降落后，便将其细长的口器伸入花朵的蜜腺中吸取花蜜。然后，再飞到另一朵花上采集（图 3 - 17）。

（1）采集蜂采集油菜花蜜　　　　　（2）采集蜂采集柃木花蜜

图 3-17　蜜蜂采集花蜜

采集蜂为了提高采集效率，便在刚采集过的花朵上留下蜂臭，这样可以使其他采集蜂在这个花朵周围飞翔时，能够通过嗅觉发现这一气味而不再降落采集。每只采集蜂每次外出采集要采 200～400 朵花，才能得到约 20 mg 花蜜；每只采集蜂平均每天外出采集频次为 10 次。流蜜盛期，一个强群的采集蜂，每天外出采集的最高次数可达 20 余次，每次的平均采蜜量可达 40 mg。

采集蜂返巢后，将腹中的花蜜吐还给内勤蜂，稍作休息之后，又重新返回花丛中继续采集。内勤蜂接受花蜜以后，经过反复酿造，待花蜜水分降到 20％以下，花蜜成分由双糖转变为单糖后，标志着蜂蜜已酿造成熟，花蜜已转化成蜂蜜。蜂蜜酿造成熟所需要的时间，应根据花蜜浓度、蜂群群势及气候等情况来决定，一般为 5～7 天时间。蜂蜜酿造成熟以后，储存于巢房中，蜜蜂就会用蜂蜡将这些已酿造好的蜂蜜封上蜡盖，以利蜂蜜可以保持数年而不至于酸败。

二、花粉的采集与储存

蜜蜂在采集花粉时，依靠蜜蜂身体表面绒毛黏附花粉粒。首先，采集蜂用前足刷集黏附在头部的花粉粒，并传递到中足；然后，采集蜂用中足刷集黏附在胸部和腹部的花粉粒，加上前足所刷集的花粉粒一并传递给后足。采集蜂将身上所黏附的花粉收拾干净后，再飞到下一朵花继续采集花粉，直至将两个花粉筐装满为止（图 3-18）。

采集蜂回到蜂巢后，先将腹部和后足伸入巢房中，然后用中足把花粉筐中的花粉团铲入到某个空或半空的巢房内，接着再次外出采集（图 3-19）。花粉置入巢房后，内勤蜂会用自己的头部对花粉进行夯实，并吐蜜润湿，加工成利于蜜蜂消化的"蜂粮"。当巢房内花粉储存至 70％左

（1）采集蜂采集油菜花粉

图 3-18　蜜蜂采集花粉

右时，蜜蜂会在花粉上再涂一层蜂蜜，然后封盖以作长期保存。

　　蜜蜂采粉时，每次的采花数量、采花次数、经历时间以及采粉重量，取决于所采花的种类、气温、风速、相对湿度以及巢内条件等因素。

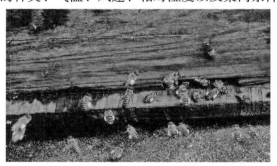

图 3-19　采集蜂采集花粉后返回蜂巢

　　在繁殖期，每个蜂群每天消耗的花粉可达 300 g 以上，而每个蜂群每天的进粉量一般要略高于消耗量。

三、采水

　　蜜蜂采水多发生在初春及盛夏。初春采水，主要为稀释浓度过高的蜂蜜，调制幼虫饲料，以便饲喂大幼虫；盛夏采水，主要为蒸发水滴以带走蜂巢中过热空气，此期水量消耗较大，每群蜂每天消耗水分可达500～800 g。另外，蜂群中降温增湿，也需要蒸发水分。一只蜜蜂每天外出采水可达 50 余次，每次采水量约为 25 mg。若蜂群缺水，蜜蜂在 24 h 内便会死亡。

　　当野外出现蜜源植物开花流蜜时，蜜蜂采集的新鲜花蜜中所含的水分，一般都能满足蜂群对水分的需要。因此，此期蜜蜂无须外出采水。

蜜蜂喜欢采集清洁的小溪水，被污染或汹涌的水流往往会威胁采水蜂的生命安全。故有经验的养蜂人，一般会在养蜂场设置一个干净的喂水器，以方便采水蜂就近采水。同时，在养蜂场地的选择上，山间小溪和小河边便成为养蜂场地的首选之地。

四、采盐

蜜蜂生存也不能离开盐分。一般蜜蜂在野外获得盐分的主要途径就是采集含盐高的土壤被雨水浸出的盐水，以及采集动物身体上的含盐汗水。饲养管理中，可结合给蜜蜂喂水，人工在水中添加含量为 0.1%～1% 的干净食盐，以便蜜蜂就近采盐。也可采取在喂水器顶端放置小袋盐包来喂盐。

第七节　中蜂的群势特性

一、中蜂群势较小

中蜂群势小是相对于意蜂而言。一般情况下，蜂群的群势大小取决于蜂王的产卵力和工蜂的寿命，而工蜂寿命又因蜂群的遗传、劳动强度、季节、营养状况等因素不同而有较大差异。一般认为，在蜂群繁殖季节，工蜂平均寿命为 35 天左右。中蜂蜂王平均日产卵量为 750 粒，最高可达 1100 粒，意蜂蜂王平均日产卵量为 1500 粒，最高可达 2000 粒以上。因此，根据中蜂和意蜂蜂王的日平均产卵量以及工蜂的平均寿命情况可以推算出中蜂和意蜂的群势大小情况。

蜂群的理论群势＝蜂王的日平均产卵量×工蜂在繁殖期的平均寿命，即中蜂理论群势（只）＝750×35＝26250（只），意蜂理论群势（只）＝1500×35＝52500（只）。由此可见，中蜂理论群势只相当于意蜂理论群势的 1/2。

二、中蜂个体较小

根据 1981 年福建农学院主编的《养蜂学》记载，中蜂与意蜂体长情况如下（表 3－2）：

表 3-2	中蜂与意蜂体长情况对比表		单位：mm
蜂种	蜂王体长	雄蜂体长	工蜂体长
中蜂	13~16	11~13	10~13
意蜂	16~17	14~16	12~13

以上数据表明，中蜂三型蜂个体小于意蜂三型蜂个体。其中，雄蜂差异最为明显。

根据《中国畜禽遗传资源志·蜜蜂志》记载，华南中蜂、湖北境内的华中中蜂与意大利蜂的个体情况如下（表3-3）：

表 3-3	华南中蜂、华中中蜂与意大利蜂个体情况对比表				单位：mm
蜂种	喙长	前翅长	前翅宽	肘脉指数	3+4腹节背板总长
华南中蜂	4.99	8.34	2.90	3.58	4.04
华中中蜂	4.91	8.64	3.00	4.11	4.32
意大利蜂	6.36	9.19	3.21	2.52	4.37

三、中蜂发育期较短

从中蜂三型蜂的发育历期来看，蜂王为16天，工蜂为20天，雄蜂为23天；而在意蜂三型蜂的发育历期中，蜂王为16天，工蜂为21天，雄蜂为24天。中蜂三型蜂与意蜂三型蜂的发育历期数据表明，除蜂王外，中蜂工蜂和雄蜂的发育历期都比意蜂短。

四、中蜂巢房较小

由于中蜂三型蜂个体小于意蜂三型蜂个体，因此中蜂三型蜂巢房也小于意蜂三型蜂巢房。若将中蜂三型蜂巢房与意蜂三型蜂巢房内径相比，中蜂工蜂房比意蜂小11.6%、雄蜂房小12%、王台要小6%。并且中蜂三型蜂巢房高度也明显低于意蜂三型蜂巢房。为了对比方便，现将中蜂三型蜂和意蜂三型蜂巢房内径与深度有关数据列表如下（表3-4）。

表 3 - 4　　中华蜜蜂和意大利蜜蜂三型蜂巢房大小对照表　　单位：mm

蜂型	中华蜜蜂		意大利蜜蜂	
	对边距/直径	深度	对边距/直径	深度
工蜂	4.81~4.97	10.80~11.75	5.20~5.40	12.00（平均）
雄蜂	5.25~5.75	11.25~12.70	6.25~7.00	15.00~16.00
蜂王	Φ6.00~9.00	15.00~20.00	Φ8.00~10.00	20.00~25.00

第八节　中蜂的生活习性

一、善于利用零星蜜源，不喜欢采集树胶

大部分山区的蜜粉源种类多而又比较分散。中蜂嗅觉灵敏，善于发现零星分散的蜜粉源；中蜂飞行敏捷，善于避过胡蜂扑杀；中蜂可采集低浓度花蜜。这些特点有利于中蜂发现和利用零星分散的山区蜜粉源，以及在花蜜浓度较低时，可抢先采集，是中蜂能在山区生存的重要因素，也是中蜂比较稳产的保证。

中蜂具有不采集树胶的习性，所以中蜂不能生产蜂胶。养蜂生产管理过程中，中蜂很容易从巢箱中提取巢框，操作比较方便。但是，中蜂在小转地运输过程中，常因蜂箱受到震动而容易发生巢脾断裂现象。

二、怕震动，易离脾

当蜂群受到轻微震动时，工蜂便会离开子脾偏集于巢脾的上端及旁边；遇到激烈震动时，工蜂会立即离开巢脾于蜂箱拐角处集结，甚至会倾巢涌出巢门。其优点为：取蜜时，取脾脱蜂比较容易；缺点为：转地运输时，工蜂容易离脾，使幼虫长时间得不到哺育和保温而死亡，致使蜂群到达目的地后，群势会出现短暂的下跌现象。

因此，养蜂生产中应注意：养蜂场要选择在比较僻静的地方；尽可能少开箱，以免干扰蜂群正常生活；平常管理蜂群时，操作要轻，动作要稳，避免过大震动，扰乱蜂群生活。

三、抗寒性强，抗巢虫能力差

中蜂个体耐寒性比较强。南方晚秋、冬季或早春，气温常在 13 ℃以

下，野外仍可见到蜜源吸引中蜂出巢采集。春季，枔属、油菜开花期间，中蜂在遇到寒潮低温时，也能安全外出采集（表3-5）。中蜂耐寒的特性，有利于中蜂利用冬季开花的蜜源。

表3-5 温度对中蜂个体和意蜂个体影响的比较

项目	中蜂	意蜂
安全临界温度	10 ℃	13 ℃
轻度冻僵	5 ℃～6 ℃	7 ℃～9 ℃
开始完全冻僵	2 ℃～4 ℃	4 ℃～5 ℃
完全冻僵	0 ℃	2 ℃～5 ℃

中蜂抗巢虫力差的原因：一是中蜂好咬旧脾，咬下的旧脾蜡屑成为巢虫的食料；二是中蜂清巢能力弱，在蜡屑中滋生的巢虫易上脾蛀食巢脾，危害封盖子；三是中蜂无法清理藏匿在巢脾中间的巢虫和藏匿在蜂箱缝隙间的巢虫蛹。

四、易逃群，盗性强

中蜂对自然环境的变化极为敏感，一旦原巢的环境不适应生存时，中蜂就会发生飞逃，另寻适当巢穴营造新巢，这是中蜂抗逆性强的表现，有利于中蜂种族的生存及繁衍。但是，中蜂的这种习性，也常常给养蜂生产造成不可估量的损失。

造成中蜂飞逃的原因：一是巢内缺蜜；二是遭受病害或敌害的侵袭；三是受异味刺激；四是受震动惊扰；五是受盗蜂侵扰；六是气候不宜等。

中蜂嗅觉灵敏，容易察觉其他蜂群中散发出的蜜味，从而导致大量不同蜂群的蜜蜂攻入它群蜂箱内盗取蜂蜜，即发生"盗蜂"现象。盗蜂常发生于外界蜜源缺乏季节，特别是在久雨初晴或流蜜末期更为明显，这是由于工蜂具有强烈的采集欲念，对蜜源十分敏感，此时蜂场上洒落的蜜汁、它群的储蜜以及仓库里的蜂蜜等，都成了蜜蜂窥探的对象。发生盗蜂，一般是强群盗弱群，有王群盗无王群，缺蜜群盗有蜜群，无病群盗有病群等。

发生盗蜂时，轻者受害蜂群的储蜜被盗窃一空，引起饥饿；重者出现全场互盗，造成工蜂大量伤亡、蜂王遭受围杀和引起逃群等现象。

五、好咬旧脾，喜造新脾

中蜂具有好咬旧脾、喜造新脾的习性。中蜂好咬旧脾是中蜂对生存环境的一种适应。冬季咬脾，有利于蜂群保温；初春咬脾，有利于蜂群更新蜂巢供蜂王产卵；越夏、度秋咬脾，有利于蜂群驱逐巢虫危害。但是，中蜂咬脾不仅要消耗许多蜂蜜，而且咬脾后，将蜡屑堆积于箱底，若不及时清理，容易滋生巢虫，不利于饲养管理。因此，在饲养管理过程中，应及时人为地淘汰掉老旧巢脾，多造新脾。

六、认巢能力差，易错投

中蜂认巢能力差，如果将多群中蜂排列在一起，当蜂箱或地形无明显差异时，易出现工蜂错投现象。因此，在饲养管理过程中，应采取相应措施加以防范。具体防范措施为：排列蜂群时，应利用地形地势，将蜂箱尽可能分散排列，各群的巢门方向要错开；在蜂箱前壁涂上不同颜色或在蜂箱前壁设计不同图案，以便蜜蜂返巢辨认。

七、蜂群失王后，工蜂易产卵

当蜂群中失去蜂王，蜂巢内又无可供改育成蜂王的工蜂小幼虫或卵时，2～3天后，失王蜂群中少数工蜂的卵巢就会发育，并在工蜂巢房中产下未受精卵。工蜂产下的卵，培育出的成蜂均为雄蜂，其个体较正常雄蜂小。工蜂产卵有以下几种表现：

1. 工蜂产卵初期，一个巢房只产1粒卵，甚至会在王台基内产卵。

2. 工蜂产卵不成片、无秩序，常有漏产的巢房，或卵产不到巢房底的中央。

3. 工蜂产卵后期，会出现一个巢房中产下数粒卵，且产下的卵东倒西斜，十分混乱。

4. 工蜂产卵以后，整个蜂群出现涣散不安、出勤大减等现象。

5. 工蜂体色开始变成黑亮色，易激动，主动攻击靠近蜂群的人与畜。

6. 蜂群一般不接受外来的王台，只接受刚出房的处女王，处女王交尾成功开始产卵后，蜂群恢复正常。

7. 超过20天以上的工蜂产卵群，对诱入的处女王也难以接受。

八、蜂王易母女同巢交替

蜂群内一旦出现蜂王衰老、残疾或因生理性产卵量下降等现象，工蜂就会自行培育出一个新蜂王以替换老蜂王，而且老蜂王在新蜂王出房甚至产卵后，还会与新蜂王同巢生活一段时间。

九、工蜂扇风头朝外

为了加快蜂箱内空气流通，工蜂常在巢门或其他通道上，头部朝外，腹部向内，用力振翅将外界空气鼓入蜂箱内（图 3 - 20）。意蜂正好与其相反，即工蜂头部朝内，腹部向外，将巢内空气向外抽送。中蜂的这种鼓风式扇风方式，一方面将外界较冷的空气鼓入巢内，使蜂箱内较湿热的空气冷却成水气，并凝结在箱壁形成水珠；另一方面使巢内的湿气难以排除，导致蜂箱内相对湿度较高。

图 3 - 20　工蜂在巢门口向巢内鼓风

十、白天性情躁，夜间温驯

中蜂性情比意蜂暴躁，特别是在蜜源缺乏的季节或阴冷的天气表现尤为突出，这时候养蜂者对那些失王群、有病群或被盗群进行开箱检查时，就难以避免被蜜蜂蜇刺。中蜂性情暴躁、爱蜇人的特性可能与其人工饲养驯化的时间较短有关，也与它嗅觉灵敏有直接关系。

白天，中蜂不如意蜂温驯；夜里，中蜂的防卫能力较差。当夜间对中蜂进行开箱检查时，工蜂容易离脾，但不会随便使用螫针攻击敌害物。这点刚好与意蜂相反，意蜂在夜间只要稍微揭开箱盖，手碰巢脾时，就会立即被蜇。

第四章　中蜂饲养设备

第一节　蜂　箱

蜂箱是蜜蜂繁衍栖息之地，活框蜂箱是科学养蜂最基本的设备之一。1910 年之前，我国仍处于简陋的土窝养蜂、毁巢取蜜时期；1912 年，福建省闽侯县的张品南从日本带回 4 群意大利蜂，并将活框蜂箱引入我国境内。从此，我国中蜂蜂箱发生了重大变革，中蜂饲养由传统饲养跨入活框饲养阶段；1930 年，许多养蜂者开始研制适合饲养中蜂的活框蜂箱，出现了一些地区性的中蜂蜂箱，推动了我国养蜂生产的快速发展；1932 年，河北省的王博亚试制了博亚式中蜂蜂箱，流行于河北省南、北部平原，是高仄式中蜂蜂箱的前身；1932—1934 年间，广东省的张进修研制了进修式中蜂蜂箱，其箱体略小于朗氏十框蜂箱，箱底板为活动底板；1940 年，安徽省的解景戎研制了景戎式中蜂蜂箱，其箱体结构与进修式中蜂蜂箱类似。该蜂箱设计有继箱，为了缩短上、下箱体中巢脾的间距，蜂箱上不采用上蜂路。该中蜂蜂箱虽没能推广应用，但他采用继箱饲养中蜂的思路符合现代养蜂要求，不容忽视；随后，出现了从化式中蜂箱、高仄式中蜂箱、中笼式中蜂箱、中一式中蜂箱和沅陵式中蜂箱等。1981 年以后，出现了中蜂十框箱、FWF 型中蜂箱和 GN 式中蜂箱，为挖掘中蜂生产潜能，生产高质量的蜂蜜等产品，实现中蜂生产机械化，打下了良好的基础。

一、蜂箱制作依据

蜂箱的设计制作不仅要符合中蜂的生活习性，也要便于操作管理，同一养蜂场的蜂箱及其附件的规格要求整齐一致，有利于互相交换使用。

蜂箱的大小主要取决于蜂路和巢框。巢框的大小应遵从中蜂的个体大小、蜂王的产卵能力、群势大小、清巢能力及储蜜习性等，能满足中蜂产卵育子、储存蜜粉以及栖息的需要。各种巢框的内围尺寸和数量，决定了蜂箱的大小和式样。

　　蜂路是指巢脾与巢脾，巢脾与箱壁、箱底之间的距离，既不能过大，也不能过小。蜂路过大，对蜂群保温不利，蜜蜂易筑造赘脾，操作管理不方便；蜂路过小，容易挤压蜜蜂。以中蜂标准十框箱为例，对巢框的大小和蜂路的宽度要求阐述如下：

　　中蜂标准箱内围长 440 mm、宽 370 mm、高 270 mm，可搁置标准巢框 10 个，标准巢框内围宽 400 mm、高 220 mm、上梁宽 25 mm。由于中蜂的抗巢虫能力比较差，因此巢框上梁的腹面不宜开凿巢础沟，蜂箱最好采用活动底板，便于人工清除蜡屑和巢虫。

　　巢框两侧与蜂箱前、后内壁之间的蜂路，称之为前、后蜂路，宽度为 10 mm；两个巢脾之间的蜂路，称之为框间蜂路，宽度为 8 mm；蜂箱副盖与巢框上梁之间的蜂路，称之为上蜂路，宽度为 8 mm；巢框底梁与蜂箱底板之间的蜂路，称之为下蜂路，宽度为 20 mm。几种典型中华蜜蜂蜂箱的技术参数、特点和流行地区见表 4-1。

表 4-1　　几种典型中华蜜蜂蜂箱的技术参数、特点和流行地区　　单位：mm

技术参数		从化式中蜂箱	高仄式中蜂箱	中一式中蜂箱	中蜂十框标准箱	FWF 型中蜂箱
巢脾中心距		32 或 35	33	32	32	32
巢框内围（宽×高）	继箱	—	—	—	400×100	300×175
	底箱	350×215	244×309	385×220	400×220	300×175
巢框厚度		25	25	25	25	25
每箱容框数/个		12	14	16	10	12
箱体内围（长×宽×高）	继箱	—	—	—	440×370×135	336×400×210
	底箱	386×462×260	280×465×350	421×552×271	440×370×270	336×400×235
框间蜂路		7 或 10	8	7	8	7
上蜂路		8	7	7	8	继箱8、底箱5
前后蜂路		8	8	8	10	8
下蜂路	继箱	—	—	—	2	5
	底箱	20	18 或 20	14	20	25

续表

技术参数	从化式中蜂箱	高仄式中蜂箱	中一式中蜂箱	中蜂十框标准箱	FWF型中蜂箱
特点	可多箱饲养；早春促进繁殖，冬季安全越冬，流蜜期集中群势采蜜。	有利蜂群保温；春季繁殖迅速；可防中蜂囊状幼虫病，越冬性能较好。	可双群同箱饲养；早春繁殖快，维持势群和产蜜较好。	可双群同箱饲养，早春繁殖快，利用浅继箱取蜜，可生产优质蜂蜜。	双群同箱、继箱饲养，继箱强群取蜜产浆，越冬和早春繁殖性能好。
流行地区	广东从化市	黄河以北	四川南部地区	全国	正在推广

二、蜂箱制作要求

1. 制作蜂箱的木料，宜选用坚固耐用而又质轻不易变形的风干或烘干木材，例如杉木、桐木等。

2. 箱身四壁的木板拼接处，采用凹凸面拼接紧密、粘贴牢固，以免使用时松动变形，下雨时雨水渗漏箱身，影响使用寿命。

3. 蜂箱的外壁应尽可能刨平。

4. 制作蜂箱时，各零部件力求规格、尺寸准确，符合国家或有关部门规定的标准。

5. 侧壁和前后壁相接处，要将相邻接缝上下错开，不可将两条缝连接在同一水平上，以求蜂箱牢固。

6. 蜂箱的表面可涂刷桐油或废弃的机油，以使蜂箱经久耐用、保温避湿。

三、蜂箱基本结构

活框蜂箱由箱身、箱底、箱盖、副盖、巢框、巢门挡及隔板组成。

（一）箱身

放在箱底上的箱身叫巢箱（图4-1），放在巢箱上的箱身叫浅继箱（图4-2）。两种箱身的结构相同，大小一致，均为22 mm厚的木板接合而成的中空长方体，但巢箱的高度比浅继箱高很多。箱身前后壁内部上端，开有宽10 mm、高22 mm的框槽，内钉6 mm高的方木条，以搁放巢框的两个框耳。巢箱是位于最下层的箱身，供中蜂繁殖，称之为"繁殖区"；浅继箱叠加在巢箱上方，用于扩大蜂巢的箱身，供中蜂储蜜，称之为"生产区"。

图 4 - 1 巢箱 　　　　　 图 4 - 2 浅继箱

（二）箱底

箱底位于蜂箱最底层，与巢箱联成一个整体，用于保护蜂巢。不与巢箱连接在一起的叫活动箱底，与巢箱连接成一体的叫固定箱底。箱底与巢箱连成后，在巢门前面均伸出 80 mm 的巢门踏板，可供蜜蜂出入时起落之用，也便于安装巢门式饲喂器和脱粉器。

（三）箱盖

箱盖又称之为雨盖或大盖，其主要作用为防止烈日曝晒、遮风挡雨、维持箱内温度、保护蜂巢安全等。箱盖要求紧密、不漏水、轻巧牢固，盖在箱身上，应与副盖保留一定的间隙，以利于隔热、保温或必要时开窗通气。箱盖位于蜂箱的最上层，比箱身外围要稍大些。在养蜂生产管理上，箱盖上常加盖一层树皮、塑料布或薄铝皮，然后用石头压住，用于保护蜂巢免遭烈日曝晒和风雨的侵袭。

（四）副盖

副盖为盖在蜂箱上口的内部盖板，一般有铁纱副盖和尼龙纱副盖两种（图 4 - 3、图 4 - 4）。副盖能使箱体与箱盖之间更加严密，可以限制蜜蜂出入。副盖上常备一块与之大小一致的覆布盖，可以起到保温和遮光的作用。

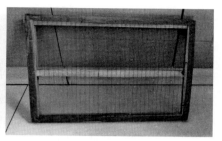

图 4-3　铁纱副盖　　　　　　　　　　图 4-4　尼龙纱副盖

（五）巢门挡

巢门挡为调节蜜蜂出入口大小的装置，一般可分为方条木巢门挡和复式巢门挡两种。方条木巢门挡是一面开有高 9 mm、宽 165 mm 的大巢门，另一面开有高 8 mm、宽 50 mm 的小巢门，以适应不同季节、不同强弱蜂群的使用；复式巢门挡是靠左右凹槽内的小板条活动的角度调节蜜蜂出入或者靠木条本身与箱底的相对位置调节蜜蜂出入。靠木条本身调节范围大，靠小板条调节范围小。转地养蜂者在制作固定箱底的巢箱时，常将左右两侧壁下部伸出 30 mm，伸出部分高 25 mm，在其上开有凹槽，凹槽内插入闸式巢门挡。转地时，固定与开启操作方便，减少蜂蜇。

（六）巢框

巢框为支撑、固定巢脾的长方形框架，是蜂箱构件中的核心部分，由上梁、下梁与两侧条组成。上梁两端各有 16 mm 长的框耳搁在方木条上；巢框两侧条中线有等距离的 3~4 个孔，供穿 24~25 号铁丝框线固定巢础用。巢框用于把一整张巢础固定在巢框内，让蜜蜂筑造起一个完整的巢脾。

（七）隔板与闸板

隔板的外形和大小与巢框基本相同，但隔板的厚度要比巢框薄很多。隔板的板身由 8~10 mm 轻质薄木板制成。隔板放在蜂箱内最外侧的巢脾旁边，不切断蜂路，用以调节蜂巢的大小，有利于蜂巢保温和避免蜜蜂筑造赘脾。

闸板与隔板形状相似，但作用不同。闸板的外形尺寸与巢箱的相应内围尺寸相同，插入蜂箱中，切断蜂路，使一个蜂箱中可以饲养两群或两群以上的独立蜂群，各群的蜜蜂间不能自由来往（图 4-5）。

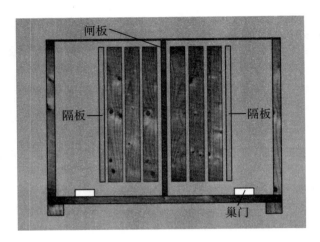

图 4-5　隔板与闸板

第二节　巢　础

一、巢础的概念

巢础是供蜜蜂筑造巢脾的基础，可分为蜡制巢础和塑料巢础两种，在养蜂生产中，蜡制巢础使用最为普遍。蜡制巢础是用蜂蜡作为主要原料，经过巢础机压制而成。养蜂者购买巢础时，应注意以下几个事项：

1. 巢础应由纯蜂蜡制成，如果巢础中矿蜡含量较高，蜜蜂一般很难接受。因此，购买巢础时，一定要仔细挑选那些含纯蜂蜡至少占 70% 以上的巢础。

2. 巢础的房眼必须保持大小一致，同时必须保证整张巢脾平整，没有雄蜂房。

3. 巢础要牢固性好，不易变形。

二、巢础埋线方法

巢础埋线工具包括铁丝、埋线板、埋线架、埋线器、剪丝钳等。其操作步骤为：

(一)拉线

将 24～25 号铁丝剪成每根 2～3 m 长的线段，沿着巢框两侧条上的小孔来回穿 3～4 道铁丝，将铁丝的一端缠绕在事先钉在侧条孔眼附近的小铁钉上，并将小铁钉完全钉入侧条进行固定。用手钳拉紧铁丝的另一端，以用手指弹拨铁丝发出清脆的声音为度，再将这一端的铁丝也用铁钉固定在侧条上（图 4-6）。

图 4-6　拉线

（二）上础

一般情况下，采用普通埋线器上础时，将巢础放在拉好线的巢础框上，使巢框中间的两根铁丝处于巢础的同一面，另外两根靠巢框边的铁丝处于巢础的另一面。若利用电热埋线器上础时，只需将巢础放在巢础框中铁丝的上方即可。

（三）埋线

将上好础的巢础框放在埋线板上，用普通埋线器沿铁丝向前推移，使铁丝镶嵌到巢础中，用力要适度，防止铁丝压断巢础或浮离出巢础的表面。埋线顺序是先埋中间铁丝，再埋两边铁丝。利用普通加热埋线器上巢础时，埋线力度很难掌握，容易造成铁丝压穿巢础或铁丝浮离于巢础表面，极易损坏巢础，埋线效果不佳。

目前，大多数养蜂者均采用电热埋线器进行上础。该上础方法具有速度快，埋线平整等优点，对操作人员无太高技术要求，简单易操作，基本无次品，大大提高了工作效率。

第三节　饲养管理工具

一、管理工具

(一) 喷烟器

喷烟器具有镇服或驱赶蜜蜂的功能，它由发烟筒和风箱两大部分组成。发烟筒由燃烧室、炉栅、筒盖构成。使用时，将干草或枯叶等点燃后放入燃烧室中，将筒盖盖好，然后压缩风箱鼓风，使烟喷出。喷烟器一般用于检查蜂群、取蜜、合并蜂群、诱入蜂王等。

(二) 蜂帽和面网

面网和蜂帽用于套在头、面之外，以防头部、面部和颈部遭受蜜蜂蜇刺的一种保护性工具。面网用白色棉纱或尼龙纱制成，前脸部分宜用黑丝编织。面网也可与草帽或白色塑料帽组成蜂帽配合使用。

(三) 防护服

防护服采用白布缝制而成，常与防蜂帽连在一起使用。操作时，袖口与裤管口宜用布带或松紧带扎紧，以免蜜蜂从袖口或裤管口钻入。

(四) 防护手套

防护手套主要用于保护养蜂者的手，不使其暴露在外面而遭受蜜蜂的蜇刺。要求选用比较厚实的橡胶手套或帆布手套为最佳。

(五) 起刮刀

起刮刀主要用于撬动副盖、继箱、巢框、隔王板等，以及刮铲蜂胶、赘脾及箱底污物等。也可用于起、钉小铁钉等。

二、饲喂工具

饲喂器是一种可以容纳糖浆或水，供饲喂蜂群的容器。饲喂器的种类很多，其共同的特点为：饲喂操作方便，蜜蜂便于吮吸；糖浆不易暴露，能防止发生盗蜂；具有适合的容量，使用方便。

(一) 巢门饲喂器

巢门饲喂器由一个广口瓶和一个底座组成，广口瓶可以是玻璃瓶或塑料瓶，可容纳 0.5～1 kg 的液体饲料。螺旋的瓶盖上钻有小孔，以便蜜蜂吮吸饲料。底座用镀锌铁板制作，其上有倒着插入广口瓶的圆台，圆台一边有阶梯状的舌作为通道，可插入不同高度的巢门内。巢门饲喂器价廉，操作简便。一般在晚间插入巢门内作奖励饲喂，饲喂时间持久，有利于刺激蜂王产卵和工蜂哺育幼虫及外出采集的积极性，效果较好。

（二）框式饲喂器

框式饲喂器是一种用无毒塑料或薄木板制成的中空扁长盒，大小长短与巢框基本相同，但比巢框略宽。这种饲喂器容量大，主要用于快速大量补助饲喂。使用时，置于蜂箱内巢脾的外侧并紧靠巢脾，内放几根木制浮条或稻草，以便蜜蜂落足吮吸饲料。此外，山区养蜂者常用竹筒制成饲喂器，既可以方便就地取材，又能节省制作成本。

（三）喂水器

简单的喂水设备可采用面盆、水盆、木盘等器具盛水并加盖，用纱布、毛巾或普通棉布的一端引水，另一端平铺在蜂箱的起落板上，以供蜜蜂自由采集。

目前，大多数养蜂场采用专用的巢门喂水器，即用可乐饮料瓶装满水，安装在喂水器的长槽头上，然后倒过来放在巢门口即可（图4-7）。

图4-7　巢门喂水器

三、取蜜工具

（一）摇蜜机

1. 摇蜜机的作用。摇蜜机又称分蜜机，它是活框养蜂取蜜不可缺少的常用工具。摇蜜机是根据旋转离心的原理，以适当的速度进行旋转，将贮藏在巢脾内的蜂蜜通过离心力甩离巢房而流入桶内。这样，既能不损坏巢脾，又能取到含杂质很少的优质蜂蜜。

2. 摇蜜机的构造。摇蜜机的基本结构包括桶体、转动巢框支架及传动机构组成。摇蜜机的种类很多，养蜂者普遍使用的是构造简单、体积较小的两框固定弦式双脾摇蜜机。这种摇蜜机体积小，携带方便。

(二) 取蜜辅助工具

1. 割蜜刀。主要用于切除封盖蜜脾上的封盖蜡或将蜜脾从巢框中割除。割蜜刀一般是用纯钢片制成，要求刀片薄而刃利，切蜜盖时，不容易拉坏巢脾。

2. 蜂刷。又称为蜂帚，主要用于刷除附着在巢脾、育王框上的蜜蜂，一般用白色马鬃或马尾制成。使用过程中，常常因沾有蜂蜜而使其变硬，故应经常将蜂刷用清水洗涤，以防使用时伤着蜜蜂。

3. 滤蜜网。滤蜜网是一种净化蜂蜜的装置，主要用于滤去蜂蜜中的幼虫、死蜂、蜡屑、花粉和其他杂物等。滤蜜器由一个钢圈和一个网眼为 80～100 目的圆锥形腈纶网构成。

四、巢蜜生产工具

巢蜜生产工具可分为巢蜜盒和巢蜜框两种。巢蜜盒底部有中蜂巢房房基，直接组装在巢蜜框中供中蜂筑造巢脾 (图 4-8)。组装好的巢蜜框与小隔板共同组合在巢蜜继箱中，供中蜂储存蜂蜜 (图 4-9)。

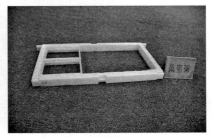

图 4-8　巢蜜盒　　　　　　　　　图 4-9　巢蜜框

五、花粉生产工具

脱粉器是截留蜜蜂花粉框中花粉团的器具，也是花粉的生产工具 (图 4-10)。使用时，将脱粉器插入巢门前，使进入蜂箱的蜜蜂都要通过脱粉器，以此用来截取并收集外勤蜂所采集携带归巢的花粉团。

六、收捕分蜂团工具

(一) 竹编收蜂笼

竹编收蜂笼直径约 200 mm，高约 300 mm。收捕分蜂团时，在笼内

图 4 - 10　五排木质脱粉器

喷点蜂蜜后，将笼口紧靠在蜂团上方，用蜂刷驱蜂进笼。过箱时，可在蜂箱上方直接把笼内的蜂团抖入蜂箱即可。

（二）尼龙收蜂网

尼龙收蜂网由网圈、网袋和网柄组成使用时，用尼龙收蜂网从下向上套住分蜂团，轻轻一拉，分蜂团便落入网中，然后将网柄旋转 180°，封住网口，提回后及时放入蜂箱内。

七、巢础埋线工具

（一）埋线板

埋线板由一块厚度为 15～20 mm 的木板（长、宽略小于巢框的内围）和两条垫木构成。使用时，垫在框内巢础下面作垫板，板面应用湿布擦拭一遍，以防蜂蜡黏在埋线板上。

（二）埋线器

1. 齿轮式埋线器。由特制的齿轮配上手柄构成。齿轮通常采用金属制成，可以转动，齿尖有小凹槽。使用时，齿尖的凹槽搭在框线上，用力下压并沿框线向前滚进，即可把框线压入巢础（图 4 - 11）。有些齿轮式埋线器，使用时应先通电将齿轮稍加热，便于埋线（图 4 - 12）。

图 4-11　齿轮式埋线器　　　图 4-12　电热齿轮式埋线器

2. 烙铁式埋线器。由带尖顶的四棱柱形铜块（铜块尖顶有一小凹槽）配上手柄构成（图 4-13）。使用时，把铜块端置于热源上加热，然后手持埋线器，将铜块尖顶的凹槽搭在框线上，轻压并顺框线滑过，使框线下面巢础的蜂蜡部分熔化，从而把框线埋入巢础内。

图 4-13　烙铁式埋线器

3. 电热埋线器。电热埋线器的长度约 250 cm，输入电压 220 V，输出电压 12 V，输出电流 4 A。其工作原理为：利用电加热的原理，使巢础下面的铁丝变热，熔化铁丝周围的蜂蜡而将其埋入巢础内。使用电热埋线器上础时，应将巢础平整放在巢础框中 4 根铁丝上方，接通电源，用电热埋线器的红黑两极夹子夹住巢础框一侧两边的铁丝头，电流通过框线产生热量，将蜂蜡熔化，断开电源后，框线与巢础粘贴在一起。加热时间以在巢础中间显出铁丝为适宜。

八、限王工具

限王工具主要用于限制蜂王产卵与活动范围，也用于蜂王的间接诱入和蜂王的暂时储存等。

(一) 隔王板

隔王板可分为平面隔王板、框式隔王板两种类型（图 4-14、图 4-

15)。主要用于限制蜂王产卵与活动范围，或将蜂群人为地隔离为繁殖区和生产区（育虫区和储蜜区），使蜜蜂幼虫、蛹和花粉等不与蜂蜜混合在一起，有利于提高蜂蜜产量和质量。另外，采收蜂蜜时，不需要花时间去寻找蜂王，极大地提高了工作效率。

 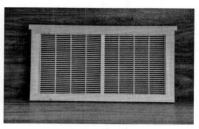

图 4-14 平面隔王板   图 4-15 框式隔王板

（二）蜂王诱入器

蜂王诱入器主要用于蜂王的间接诱入和蜂王的暂时储存。蜂王诱入器有很多类型，主要包括王笼、蜂王幽闭器、中蜂栅缝板等。

（三）防蜂王飞逃器

防蜂王飞逃器主要用于分蜂季节或外界蜜粉源缺乏季节，安装在巢门外替代巢门挡，不阻挡巢门，工蜂可以自由出入巢门，而蜂王则不能通行。同时，还具有防止蜂群飞逃、防胡蜂、防盗蜂的作用（图 4-16）。

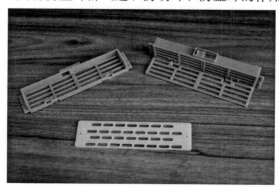

图 4-16 防蜂王飞逃器

九、榨蜡工具

榨蜡机是一种从含蜂蜡的原料中提取纯净蜂蜡或用于传统养蜂中分离蜂蜜的器具。榨蜡机由螺杆加压装置、榨蜡桶、挤板和支架构成。榨蜡时，先将老旧巢脾或赘蜡、蜡屑和蜡渣等蜡质原料置于化蜡锅中，加入适量净水，用猛火煮至全部熔化为止，然后将含蜡溶液装入粗布袋，并趁热放入榨蜡桶中，最后对袋中的蜡质原料施加压力，将蜡液榨出。

第五章　蜜粉源植物

第一节　蜜粉源植物概述

花蜜和花粉是蜜蜂赖以生存的食物。有些植物能分泌花蜜以供蜜蜂采集，叫作蜜源植物，而另一些植物仅能产生花粉以供蜜蜂采集，叫作粉源植物。大部分植物既能分泌花蜜，又能产生花粉，我们将这些能为蜜蜂提供花蜜和花粉的植物，统称为蜜源植物。在蜜源植物开花流蜜期间，除了蜜蜂维持自己生活和繁殖所需要的食物以外，能给养蜂者提供大量商品蜜的植物，叫作主要蜜源植物。反之，叫作辅助蜜源植物。

一、花的生理构造

花是植物果实、种子形成的基础，是植物的重要生殖器官，通常由花柄、花托、花萼、花冠、雄蕊、雌蕊和蜜腺所组成（图 5-1）。雄蕊由

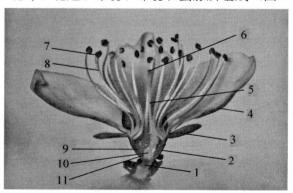

1. 花柄；2. 花托；3. 花萼；4. 花瓣；5. 花柱；6. 柱头；7. 花药；8. 花丝；9. 蜜腺点；10. 胚珠；11. 子房。

图 5-1　花的构造示意图

花药和花丝组成，花药是花丝顶端膨大的部分，内含有花粉囊，能产生大量花粉粒；雌蕊由柱头、花柱和子房组成，子房是雌蕊基部膨大的囊状体，是雌蕊的核心部位，受精后，子房将发育成果实；蜜腺就是植物能分泌蜜汁的腺体，可分为花内蜜腺和花外蜜腺两种。花内蜜腺位于子房、雄蕊、花瓣、花萼的基部或花托上，常见的有花托蜜腺（枣花）、雄蕊蜜腺（油菜）、子房蜜腺（豆科植物）、花柱蜜腺（金银花）等；花外蜜腺大多位于植物叶片、叶缘、托叶、叶柄或节间上，常见的有叶蜜腺（棉花）、托叶蜜腺（蚕豆）、茎轴蜜腺（樱桃）、叶柄蜜腺（西番莲）等。蜜腺的主要功能是分泌花蜜，供蜜蜂采集。

二、花蜜与花粉

绿色植物通过光合作用合成有机物质，以供植物生长发育需要。这些有机物质一部分转化为糖汁，贮藏在蜜腺细胞中，另一部分用于形成果实和种子。贮藏在蜜腺细胞中的有机物质，在植物开花期间，通过蜜腺表皮细胞分泌到体外，形成花蜜，用来吸引蜜蜂和其他昆虫为其授粉和采集。

花粉是种子植物特有的结构，为植物的雄性细胞，也称为植物的"精子"，是植物生命的精华，具有很高的营养价值和药用价值。植物开花期间，成熟后的花粉从花药开裂处散发出来，通过风力或昆虫等传播媒介为之传播授粉。

三、影响植物开花泌蜜的因素

影响植物开花泌蜜的因素有很多种，其中，最主要的因素为植物本身的生长发育状况和营养条件。另外，还有外界环境条件及人为因素的影响。同一植株上的花，由于所生长的部位不同，其所接受的营养条件也不一样，因而其泌蜜量表现出很大的差异。一般情况下，花序下部的花要比上部的花泌蜜多，主枝的花要比侧枝的花泌蜜多。有些植物由于在大年里结果多，营养物质消耗过大，植物体内营养成分积累减少，从而影响了花芽的分化。第二年植物出现开花减少、泌蜜少、结果少等现象，形成了小年。但在植物小年里，由于结果少，植物体内所积累的营养成分增多，促使大批花芽形成，从而形成小年之后又是大年的自然规律。

影响植物开花泌蜜的外界因素包括光照与气温、湿度与降雨、刮风、土壤以及蜜蜂过度采集等。一般情况下，阳光充足、气温适宜、雨水适中和土壤环境条件好的地方，植物开花泌蜜较旺。人为因素主要指蜜源植物的栽培技术、肥料和农药的喷洒及激素的施用等。

第二节　主要蜜粉源植物

了解和掌握养蜂场地周边的蜜粉源情况，是养好中蜂的最基础工作。一个理想的养蜂场地，要求在场地周围 2.5 km 半径范围，全年至少要有 1～2 种大面积的主要蜜源植物和十几种到几十种一年四季花期交错的小面积辅助蜜源植物，使蜂群至少能保证自给自足而不挨饿，并能有富余蜂蜜供养蜂者采收。

我国南方山区常见主要蜜源植物有板栗、乌桕、树参、五倍子、山杜英、鸭脚木、柃属等，不同地区存在一定差异。

一、板栗

板栗，别名栗子、毛栗，属壳斗科栗属中的乔木或灌木总称。原生于北半球温带地区，有 7～9 个品种，树干高 10～20 m。我国南方省份除有少部分野生板栗外，大部分种植的是杂交改良品种。

（一）形态特征

叶片呈长椭圆形或椭圆状披针形，边缘有刺毛状齿，齿尖有芒状尖头；雌雄同株，雄花为直立柔荑花序，雌花单独或 2～3 朵生于总苞内；壳斗球形，坚果，呈褐色。

（二）开花泌蜜习性

板栗开花时间多在 5—6 月，花期长 20～30 天，有蜜有粉。有利于蜂群繁殖、巢脾修造和采集蜂蜜。

（三）花蜜特性

板栗蜜呈深琥珀色，黏稠度比其他蜂蜜略低，味道甜中微带苦涩。

二、乌桕

乌桕，别名腊子树、桕子树、木梓树，属大戟科落叶乔木。我国南方省份均有大量分布，为我国特产蜜源树种，是我国南方地区夏季主要蜜源之一。

（一）形态特征

乌桕枝干高可达 15～20 m，树冠球形，树皮暗灰色，有纵裂纹，树枝扩展，具皮孔；单叶互生，叶片菱形、菱状卵形或稀有菱状倒卵形；叶柄纤细，长 3～6 cm；花单性，雌雄同株，总状花序顶生，雌花生于花序轴下部，雄花生于花序轴上部；蒴果呈梨状球形，熟时呈黑褐色；种子扁球形，黑色，外被白蜡层。

（二）开花泌蜜习性

乌桕开花时间多在 5—6 月，花期长 20～30 天。泌蜜最适温度为 25 ℃～32 ℃，9：00—11：00、15：00—16：00 泌蜜最涌，蜜蜂采集最忙。乌桕在夜间雨、白天晴、气温高、湿度大的条件下泌蜜丰富；白天阵雨后放晴仍能泌蜜，但连日阴雨或久旱不雨时，泌蜜减少或不流蜜。每年每群蜂可采收蜂蜜 20～30 kg。乌桕以壮年树泌蜜最多，幼年树和老年树泌蜜较少，有明显大小年之分。

（三）花蜜特性

乌桕蜜色泽呈浅琥珀色，气味清香，口感甜，易结晶，结晶颗粒粗或有块状。

三、树参

树参，别名金缕半枫荷、木荷树、小叶半枫荷等，属五加科常绿乔木或灌木，常生于山坡灌丛或阴湿的常绿阔叶林中。因其树叶一半像荷叶，另一半像枫叶，故而又俗称为半枫荷、边荷枫。分布于湖南、湖北、江西、浙江、广东、广西、四川、安徽等南方地区。

（一）形态特征

树参枝干高在 15 m 左右，树皮灰色；叶革质，分二型，即不裂型或掌状深裂型；不裂叶着生于枝下部，呈长椭圆形、椭圆状披针形，尖端尖，基部楔形；分裂叶着生于枝顶，呈倒三角形，常有 2～3 掌状深裂，全缘或有锯齿；叶片上面呈深绿色，下面呈浅绿色；叶柄长 3～4 cm，较粗壮，上部有槽，无毛；花冠呈淡绿白色，雄花呈短穗状花序排成总状，雌花呈头状花序单生，有短柔毛；花柱先端卷曲，有柔毛；花序柄无毛；蒴果 22～28 个，呈长椭圆形或卵状长圆形。

（二）开花泌蜜习性

树参开花时间多为 6 月下旬至 7 月下旬，花期长 25～30 天，盛花期 15 天左右。树参泌蜜比较丰富，没有大小年之分，如遇上夜雨而白天高温晴好天气，一般都能获得好的收成。若花期遇久晴不雨天气，则影响开花泌蜜。一般情况下，每年每群中蜂可采收蜂蜜 20 kg 以上。

（三）花蜜特性

树参蜜色泽呈深琥珀色，气味芳香，口感甜微苦，不易结晶或不结晶。

四、五倍子

五倍子，别名盐肤木、百虫仓、百药煎、五倍柴等，属漆树科落叶小乔木或灌木。分布于广东、广西、云南、贵州、四川、湖南、湖北、江西、浙江、江苏、安徽等省（自治区），为我国南方省份夏季主要蜜源植物之一。

（一）形态特征

五倍子枝干高 5～10 m；单数羽状复叶互生，叶轴及叶柄常具宽的叶状翅；小叶呈卵形或椭圆状卵形或长圆形，叶面暗绿色，叶背粉绿色，小叶无柄；圆锥花序，多分枝，雄花序长，雌花序较短；苞片披针形，被微柔毛，小苞片极小，花白色，花梗被微柔毛；雄花花萼外面被微柔毛，裂片长卵形，边缘具细睫毛，雌花花萼裂片较短，外面被微柔毛，边缘具细睫毛；雄蕊极短；花盘无毛；子房卵形，密被白色微柔毛；核果球形，呈红色。

（二）开花泌蜜习性

五倍子开花时间多为 8—9 月，花期长 15～25 天，泌蜜最适气温为 25 ℃～30 ℃，泌蜜丰富，每年每群中蜂可收取蜂蜜 10～15 kg。

（三）花蜜特性

五倍子蜜呈琥珀色，气味浓香，味甘甜，略带中药香气，极易结晶，结晶颗粒细腻。

五、山杜英

山杜英，别名小叶落叶红、羊屎树、胆八树等，属杜英科常绿小乔木。主要分布于广东、广西、湖南、江西和福建等省（自治区）。

（一）形态特征

山杜英枝干高约 10 m；小枝纤细，无毛；叶薄革质，长圆状倒卵形或椭圆形；叶柄无毛；总状花序生于枝顶叶腋内，花序轴纤细，无毛；花瓣呈倒卵形，上半部撕裂，外侧基部有毛；雄蕊 13～15 枚，花药有微毛，顶端无毛丛；子房被毛；核果小，呈椭圆形。

（二）开花泌蜜习性

山杜英开花多为 5 月上旬至 5 月下旬，果期 10—11 月。花期长 15～20 天，蜜多粉少，流蜜丰富。

（三）花蜜特性

山杜英蜜呈浅琥珀色，气味清淡、口感清纯、味道甜润可口，多为液态蜜，若结晶，结晶颗粒较粗。

六、鸭脚木

鸭脚木，别名鸭掌木、鹅掌柴、八叶五加等，属五加科常绿乔木或灌木。广泛分布于湖南、湖北、广东、广西、江西、福建、云南、贵州和四川等省（自治区）。鸭脚木花期长，泌蜜丰富，为我国南方地区冬季主要蜜源植物之一。

（一）形态特征

鸭脚木树枝高达 2～15 m，胸径可达 30 cm 以上；掌状复叶，呈椭圆形、长圆状椭圆形或倒卵状椭圆形，表面呈深绿色，背面颜色较淡；叶柄疏生星状短柔毛或无毛；花序由伞形花序聚生成大型圆锥花序，顶生，分枝斜生，有总状排列的伞形花序几个至十几个；伞形花序有花 10～15 朵；花呈白色；果实球形，呈黑色。

（二）开花泌蜜习性

鸭脚木开花时间多在 9—12 月，花期长 30～40 天，花期由北向南逐渐推迟。大小年现象不明显，一般只要秋季雨水充沛、开花期间天气晴好、气温比较高就会出现大流蜜。当气温为 18 ℃～20 ℃、空气相对湿度为 80% 左右时，流蜜最涌。鸭脚木花期较长，泌蜜十分丰富，常见树冠上部已开始结果实，下部仍然在开花流蜜现象。每年每群蜂可采收蜂蜜 10～15 kg。

（三）花蜜特性

鸭脚木色泽呈浅琥珀色，味甘而略带苦味，苦味随蜂蜜浓度的提高而加重，久置后渐轻，较易结晶，结晶体呈乳白色，结晶颗粒细腻。

七、柃属

柃属俗称为野桂花、山桂花、小茶花等，属山茶科常绿灌木或小乔木。我国现有柃属植物 80 余种，主要分布于湖北、江西、湖南、福建、广东、广西、云南、贵州、四川等地，尤以湖北东南部、江西西北部、湖南东北部最为集中。

　　柃属植物是我国稀有而重要的中蜂冬季蜜源植物，现以湖南临湘、平江、浏阳、醴陵等市（县）为中心的湘东北地区蕴藏着十分丰富的野生柃属蜜源植物资源，被誉为"柃木之乡"，是我国四大柃属蜜产区之一。

（一）形态特征

　　柃属多为常绿灌木或小乔木，个别种类为大乔木。嫩枝圆柱形或具棱，被有柔毛或短柔毛，有的无毛；单叶互生，革质，叶形多样，叶缘有锯齿，锯齿有粗细、深浅、疏密之分，部分种类为全缘；雌雄异株，雌花较小，雄花较大，花萼5片，花冠5瓣，花色呈白色或粉红色；果实为浆果，黑色或褐色，呈肾形或肾圆形。

　　格药柃：常绿灌木，高2～3 m，多生于海拔100～1300 m的山坡林中或林缘灌丛中。叶椭圆形，顶端渐尖，基部楔形，边缘有钝锯齿；花1～5朵簇生于叶腋，呈白色或粉红色，花梗无毛。雄花近圆形，雌花呈卵状披针形；果实圆球形，成熟时紫黑色；种子肾圆形，稍扁，呈红褐色。

　　细齿叶柃：常绿灌木或小乔木，高2～5 m，多生于海拔40～1300 m的林地、溪边林缘以及山坡路旁灌丛中。全株无毛，嫩枝有棱；叶薄革质，椭圆形或长圆状椭圆形，上面呈深绿色，下面呈淡绿色，两面无毛；花白色，1～4朵簇生于叶腋。雄花近圆形，雌花呈长圆形；子房卵圆形，无毛，花柱细长；果实圆球形，成熟时蓝黑色；种子肾形或圆肾形，亮褐色，表面具细蜂窝状网纹。

　　翅柃：常绿灌木或小乔木，高1～3 m，多生于海拔300～1600 m的山谷、溪边密林或林下灌丛处。全株无毛，淡褐色，顶芽披针形，渐尖，无毛；叶革质，长圆形或椭圆形，上面深绿色，下面黄绿色，叶柄有微毛；花白色至浅黄色，1～3朵簇生于叶腋，花梗无毛；雄花卵圆形，雌花长圆形；子房圆球形，无毛；果实圆球形，成熟时蓝黑色。

　　微毛柃：常绿灌木或小乔木，高1.5～5 m，多生于海拔200～1700 m的山谷、溪边、灌丛中。树皮灰褐色，嫩枝圆柱形，黄绿色或淡褐色，有微毛，小枝灰褐色，无毛；顶芽卵状披针形，有微毛；叶革质，矩圆状椭圆形或长圆状倒卵形，两面均无毛；叶柄有微毛；花白色或粉红色，4～7朵簇生于叶腋，花梗被微毛；雄花近圆形，雌花呈倒卵形或匙形；子房卵圆形，无毛；果实圆球形，成熟时蓝黑色；种子肾形，种皮深褐色。

（二）开花泌蜜习性

枪属种类多，花期长，为了充分利用这些蜜源植物，产区养蜂人根据枪木开花时间顺序，将枪木分为秋桂（格药枪）、冬桂（细齿叶枪、翅枪）和春桂（微毛枪）。根据冬桂开花时间的先后顺序，又可将冬桂分为早桂、中桂和晚桂。

秋桂开花时间为9—10月，果期次年6—8月；冬桂开花时间为11月至次年1月，果期次年7—9月。其中11月开花的叫早桂，12月开花的叫中桂，次年1月开花的叫晚桂；春桂开花时间为2—3月，果期8—10月（图5-2）。

枪属花期自高纬度向低纬度以及自高海拔向低海拔逐渐推迟开放。花前雨水充沛，花期流蜜丰富；花前久旱无雨，花期推迟，流蜜减少；花期雨水较多，落蕾落花现象严重，影响花期泌蜜；花期遇低温、寒潮，花期延迟，影响泌蜜和蜜蜂采集。枪属泌蜜属低温型，泌蜜最适宜气温为14℃～20℃，泌蜜最理想天气为夜里下霜，白天天气晴好，非常适合中蜂采集。枪属开花先开雄花，后开雌花，雄花粉多，雌花蜜多。因此，在枪属开花流蜜期间，一般是蜂群先进粉后进蜜。根据产区养蜂人多年的观察和了解：单株枪的开花期为10～15天；同一枪属的群体开花期15～20天。每年每群中蜂可采收蜂蜜10～20 kg。

（三）花蜜特性

枪属蜜色泽呈水白色或浅琥珀色，气味清香，口感清甜细腻，回味悠长，易结晶，结晶体呈乳白色，结晶颗粒细腻，堪称蜜中之上品。

枪属(白花)

枪属 (粉红色花)

图5-2　枪属

第六章 中蜂的迁飞与收捕

第一节 中蜂的迁飞

一、迁飞原因

中蜂的恋巢性比较强，一般情况下，除了自然分蜂以外，很少出现弃巢迁飞现象。但是，当蜂群中出现严重缺蜜、盗蜂侵扰、病敌害侵袭以及烟熏、噪声干扰或蜂箱中有异常气味等因素时，也常会引起中蜂整群飞逃现象。

二、迁飞预防

预防中蜂迁飞，应从加强蜂群饲养管理方面着手，主要注意事项如下：

1. 保持蜂群内饲料充足，缺蜜时应及时予以补喂。
2. 当蜂群中出现异常断子时，应及时调入幼虫脾。
3. 平时保持蜂脾相称，群势密集。
4. 注意病虫害的防治及敌害侵入。
5. 采用无异味木材制作蜂箱，新蜂箱应采用火烤和淘米水洗刷后使用。
6. 注意防止发生盗蜂。
7. 养蜂场地应选在僻静、地势干燥、背风向阳，蚂蚁、蟾蜍等无法侵扰处。
8. 尽量减少人为惊扰蜂群。
9. 当蜂群发生迁飞征兆时，应采取将蜂王剪翅或巢门加装隔王栅片等措施，并调入一框带蜜的卵虫脾，以加强蜂群的恋巢性。

三、迁飞处理

1. 当蜂群刚发生迁飞时，在蜂王尚未出巢的情况下，应立即关闭巢门，待晚上再查明原因和进行相应的处理。若蜂群内缺蜜，应先调入蜜脾，再调入卵虫脾。

2. 当蜂王已随工蜂飞离蜂巢时，可先用泼凉水或用自来水龙头喷射蜂云，或对飞翔的工蜂撒沙、细土等办法，迫使蜂群就地降落团集，然后按收捕分蜂团的方法进行处理，并调入蜜粉脾和卵虫脾。收捕的逃群另箱异位安置，并在7天内尽量不打扰蜂群。

3. 当所有蜂群即将发生迁飞时，应首先暂时关闭相邻蜂群的巢门，开放纱窗通气，并通过纱窗向巢内进行喷水，促使蜜蜂安定，待蜂群处理完毕后，再打开巢门。当多个蜂群相继发生迁飞时，迁飞蜂群聚集在一起形成一个"乱蜂团"，在这个包含不同群味的蜂团中，蜂王极易遭遇到工蜂的围杀。因此，针对这种类型的大蜂团，在收蜂时，首先应在蜂团下方的地面或围王的小蜂团中找到蜂王，将被围困的蜂王解救出来，蜂王解救出来后，用蜂王诱入器暂时保护起来；然后对大蜂团进行分割收捕，抖入各个蜂箱中，并在蜂箱中喷洒香水等来混合群味，以阻止蜜蜂继续斗杀。同时，根据各蜂群的具体情况，适时调入一框蜜脾和一框幼虫脾，以加强蜂群的恋巢性；最后各群诱入一只蜂王，用蜂王诱入器将蜂王扣在巢内蜜脾上，暂时关闭巢门，夜里待蜂群安定后再打开巢门。2～3天后，蜂王被工蜂所接受，再将蜂王释放出来。

第二节　分蜂团的收捕

在养蜂生产管理中，经常会遇到自然分蜂、蜂群迁飞或飞逃等现象。如出现这种情况，为了避免损失，需想办法对分蜂团进行收捕处理。收捕方法如下：

一、促使分蜂群结团

当蜂群发生自然分蜂或迁飞时，如果发现只有工蜂大量涌出巢门，而蜂王还没来得及飞出巢外时，可采用迅速关闭巢门，打开箱盖和揭开覆布，用喷雾器向蜂巢中喷水降温，待蜂群安静下来后，再开箱进行检查，并将蜂王用蜂王诱入器扣在巢脾上，同时毁掉巢脾上的王台。此时，已飞出巢门的蜜蜂发现蜂王尚未跟随出来，便会自行返回原巢；如果蜂王和工蜂都已飞离蜂巢，可用泼凉水或用自来水龙头喷射蜂云，或对飞翔的工蜂撒沙或细土等办法，迫使蜂群就地降落团集，以便就近收捕和预防飞失。

二、对分蜂团进行收捕

蜂群发生自然分蜂或迁飞时，如果分蜂群停留在房前屋后的屋檐下或比较矮小的树杈、篱笆以及能活动或可以折取的物体上，我们可以将蜂箱移到蜂团下面，或将树枝或篱笆竿折断，然后将蜂团直接抖落在蜂箱内即可。另外，也可以采用收蜂笼进行收捕，即先将收蜂笼套在蜂团的上方，收蜂笼的内缘紧靠蜂团，利用蜜蜂的向上性，用喷烟器喷以淡烟或用蜂刷驱蜂入笼。如果分蜂群停留在比较高的树杈上，收捕起来比较困难时，首先，准备好一些收捕蜂群的工具，例如，长竹竿、梯子、巢脾、空蜂箱等；其次，掌握好收捕蜂群的正确方法。具体收捕方法如下：

（1）选择一根留有竹节枝丫的竹竿，将带有少许蜂蜜的巢脾固定在竹竿尖上。

（2）将绑好巢脾的竹竿伸向分蜂群，让巢脾贴近蜂团的上方，以便蜜蜂自行爬上巢脾。随后，将巢脾取下来仔细检查一下，看蜂王是否在巢脾上。检查完以后，不管蜂王是否在巢脾上，都应及时将引诱来的蜜蜂放入准备好的空蜂箱中，并盖好覆布，关闭巢门。

（3）如在引诱来的蜜蜂中没有发现蜂王，则必须要重复第二点的工作步骤，直到把蜂王引诱到巢脾上为止。待蜂王上脾后，先用蜂王诱入器将蜂王囚禁起来，再将带有蜂王的巢脾一起放到准备好的空蜂箱中。此时，可以打开巢门，让其他还没有引诱进来的蜜蜂自行飞回到蜂箱中。

（4）在新分群中调入一框幼虫脾和一框蜜粉脾，以增加蜜蜂的恋巢性。2～3天后，再检查一次，进行必要的调整。

收捕回来的蜂群，既可以组成新分群，也可以并入原群。并入原群时，必须在并入前对原群做全面检查，除去全部王台，淘汰老蜂王，保留新产卵王，以防再次发生自然分蜂。

第三节　野生蜂的收捕

中蜂活动比较频繁的季节，根据中蜂的营巢习性和迁栖规律，寻找到野生中蜂的蜂巢，采取相应的措施进行诱捕。同时，也可以在一些适当的地点放置使用过的旧蜂桶或旧蜂箱，让自然分蜂群或迁栖的蜂群自行投居筑巢，然后搬回家进行人工饲养。

一、中蜂的营巢习性

野生中蜂一般选择在有蜜粉源的南向山麓或山腰和能够遮阴、防风雨、冬暖夏凉、避敌害的场所等营造蜂巢，例如树洞、岩洞、土洞或古墓等。

二、中蜂的迁栖习性

春、夏两季，中蜂因自然分蜂或为了避开秋季群势衰退、巢虫猖獗以及蜜源枯竭、胡蜂危害等不良生活环境的影响，往往会引起中蜂的部分或整体迁栖现象。中蜂迁栖方向常表现为春夏多由山下向山上迁移，秋冬则由山上向山下迁移的规律。

三、野生蜂的引诱

（一）引诱地点选择

应选择蜜源植物丰富的坐北朝南的山腰岩洞下，不受日晒、雨淋，且冬暖夏凉之地。另外，南向或东南向的屋檐前、大树下等地方也是引诱野生蜂比较理想的选择之地。

（二）引诱最佳时期

1. 主要蜜源植物流蜜期前或流蜜初期，中蜂处于自然分蜂期。

2. 中蜂分布密集的地区，分析当地中蜂迁飞的主要原因，把握时机安置引诱箱，对迁飞蜂群进行引诱。

（三）引诱箱的处理

要求引诱箱避光、洁净、干燥，没有木材或其他特殊异味。因此，新的箱桶必须经过日晒、雨淋、烟熏或火烤，或用乌桕叶汁、淘米水等浸泡，除去异味后，涂上蜜、蜡方可使用。如引诱箱内有脾痕、蜜蜡或蜂群气味尤为理想。引诱箱的巢门只需保留几个小孔，供蜜蜂通行即可。

（四）引诱箱的安置

引诱箱应放置在山中目标比较突出的隆坡、独树、巨岩等附近。蜂箱垫高后左右垒石保护，箱顶覆盖雨具并用石块压牢，以防风吹、雨淋和敌害侵袭。春、夏季节，引诱箱以安置在山上为宜；秋、冬季节，引诱箱以安置在山下为宜。

在安置引诱箱时，可以采取在引诱箱中放入适量的蜂蜜或糖浆等饲料；或于每天 10：00 左右，在引诱箱附近燃烧旧脾；或于蜜蜂飞飞停停寻找巢穴附近放置引诱箱，并在引诱箱巢门口涂抹少许蜂蜜；或将侦察蜂捕捉后放入引诱箱中，关闭 10 min，然后再将侦察蜂放出去等方法来进行诱蜂。

（五）按时检查引诱箱

引诱箱安置好以后，在自然分蜂季节，一般要每 3～4 天检查一次，特别是在久雨天晴时，应及时检查，如发现已有蜂群进箱定居，应在傍晚时分，关闭巢门搬回。如采用的引诱箱为旧式箱、桶，最好在当晚借脾过箱。

四、寻觅野生蜂巢

（一）搜索树洞

在蜜蜂采集活动比较频繁的季节，沿着树林边缘，以空心有洞的大树为搜索目标，进行认真搜索寻找。

（二）追踪工蜂

1. 跟踪采集蜂法。晴天 9：00—11：00 于山谷出口处观察回程蜂飞行路线，如果有数只回程蜂飞往同一方向，就可以沿着这个方向进行跟踪，每次前进 30～50 m，直到找到野生蜂巢为止。

2. 挂蜜燃脾引蜂法。在山坡高处，将蘸有蜂蜜的带叶树枝挂在离地面约 2 m 高的地方，并燃烧一些老旧巢脾，利用蜂蜜和蜂蜡的气味来招引野生蜜蜂。同时，注意观察采集蜂的返巢飞行路线。

3. 欲擒故纵跟踪法。抓住一只即将归巢的采集蜂，在蜂腰上绑一根 300～400 mm 长的细线，另一端黏上一片宽 10 mm、长数厘米的纸片，然后释放跟踪。

另外，根据采集蜂回程旋转圈数和飞行高度，即可判断蜂巢的距离：采集蜂起飞时只旋转 1 圈，说明蜂巢就在附近；起飞时旋转 3 圈，说明蜂巢在 2.5 km 以外。如采集蜂回程飞行高度离地面 3 m，说明蜂巢约在距离 250 m 之地；如回程飞行高度离地面 6 m 以上，说明蜂巢比较远。

（三）观察采水蜂

进山寻找野生蜂时，若发现水源边沿有采水蜂在采水，表明野生蜂巢就在附近。根据采水蜂返程转圈方向，可以判断出蜂巢的大致方向：采水蜂返程朝顺时针方向转圈，表明蜂巢在山的左侧；采水蜂返程朝逆时针方向转圈，表明蜂巢在山的右侧。

（四）通过蜜蜂粪便判断蜂巢方位

春暖花开的春季，工蜂在认巢飞翔和爽身飞翔时，都会在蜂巢附近排泄很多粪便。另外，采集蜂出巢采集时，也需要先排泄掉粪便后才能飞往蜜粉源地进行采集。因此，在野生蜂巢附近的树枝和杂草上，通常会有很多粪便，粪便越密集的地方，离蜂巢越近。粪便形状表现为一头大一头小，呈黄色，一般大的一头朝向蜂巢方向。

五、猎捕野生蜂

（一）猎捕蜂群用具

猎捕野生蜂巢前，要事先准备好一些猎捕工具，例如刀、斧、锄、喷烟器、收蜂笼、蜂箱、面网、防护手套和蜜桶等。

（二）猎捕蜂群方法

1. 如果蜂群生活在树洞或土洞里时，可以采取喷烟→挖开洞穴→割脾过箱等方法进行猎捕。

2. 如果蜂群生活在难以打开的洞穴里时，除留住一个主要洞口外，其他洞口用泥土封住，然后用脱脂棉蘸一些苯酚塞进蜂巢下方，再用一根玻璃管通过主要洞口处与收捕箱连接。野生蜂在苯酚气味的驱使下，通过玻璃管道进入收捕箱中。

（三）猎捕蜂群注意事项

1. 猎捕野生蜂最好在傍晚进行。

2. 猎捕野生蜂时，应特别注意蜂王是否收捕进来。

3. 野生蜂被收捕完后，应尽量保护好巢穴，并留下一些蜡痕，将其恢复成原状，以便分蜂群将来投居使用。

第四节　中蜂过箱技术

中蜂过箱就是将原来生活在老式蜂桶中的蜂群通过人工转移到新式活框蜂箱中进行饲养的操作过程。通过过箱，改变了中蜂传统的饲养模式，极大地提高了中蜂饲养的经济效率。

一、过箱时机

1. 宜选择外界蜜粉源丰富的季节过箱。因为外界有蜜粉源时，蜂群过箱后，不易发生盗蜂，造脾快、恢复快、不易逃群。

2. 宜选择在气温 20 ℃以上的无风晴好天气进行过箱。

3. 宜选择在春季的晴暖午后或夏、秋的傍晚进行过箱。早春或晚秋最好选择在室内过箱。

4. 过箱时，巢内最好有子脾，因为幼虫的待哺状态最能激发蜂群的恋巢本能，有利于蜂群的安居。

二、过箱准备

蜂群过箱前，首先，将过箱的蜂群搬运到便于操作的地方。其次，准备好一些过箱用具，例如，蜂箱、巢框、绑带、竹条、剪丝钳、割蜜刀、喷烟器、收蜂笼、囚王笼、脸盆、面网、防护手套、蜂刷等。

三、过箱方法

中蜂过箱包含翻巢过箱、不翻巢过箱和借脾过箱等三种方法。

1. 翻巢过箱。将蜂巢倒翻，驱使蜜蜂离脾进入收蜂笼，然后将蜂巢移到室内，割取巢脾进行过箱。

2. 不翻巢过箱。对于巢箱不能翻转的蜂群，只能通过拆开蜂桶侧板，逐脾喷烟驱蜂，将蜜蜂赶到蜂桶一侧，并依次割取巢脾进行过箱。

3. 借脾过箱。从活框饲养的蜂群中抽取子脾、蜜粉脾作为过箱蜂群的巢脾，将绑好的巢脾分散到活框饲养的蜂群中进行过箱。

四、过箱步骤

以翻巢过箱为例，具体过箱步骤为：翻转巢箱→驱蜂入笼→割取巢脾→绑脾上框→催蜂上脾。

1. 翻转巢箱。先用喷烟器向巢门口喷入淡烟雾，再将原蜂巢翻转180°，安放在原位置不变。

2. 驱蜂入笼。将收蜂笼紧贴在蜂团上方，用喷烟器向蜂巢中喷少许淡烟，或轻敲蜂桶下部并用蜂刷从下面轻扫驱赶脾上的蜜蜂向上爬入收蜂笼。如果看到蜂王，立即用囚王笼的开口对准蜂王头部，使其爬入笼中。也可用手捉住蜂王，再放入囚王笼内，注意不能弄伤蜂王。待蜜蜂全部进入收蜂笼团集以后，将蜂巢搬回室内进行下一步处理。收蜂笼应安放在蜂巢原来位置，以便外出的采集蜂回归投入。

注意事项：一是喷烟不能太多，否则容易引起蜜蜂逃群；二是为了使蜜蜂尽快离脾入笼，应事先在收蜂笼内涂抹少量蜂蜜以增加吸引力。

3. 割取巢脾。将搬回室内的蜂巢保持翻转位置，用割蜜刀紧贴巢脾基部位置将巢脾逐一割下，并用手掌托着取出。割下的子脾应单独安放在平板上，不要重叠积压，以免损伤子脾。对那些黑旧或子脾面积小的子脾，可直接放入装蜜的脸盆中，留待榨蜜和化蜡处理。

4. 绑脾上框。将子脾按巢框的大小标准切成长方形，逐一绑在准备好的巢框上，绑好一个立刻放入准备好的蜂箱中，并保持巢框间的间距为 8～10 mm。如果子脾过多，蜂箱装不下时，应尽量剔除老子脾，并少留蜜脾。

绑脾注意事项：一是绑脾操作要认真、细致；二是子脾上的储蜜一定要割除；三是巢脾要绑得既平整又牢固；四是绑好的巢脾应随手放入蜂箱内；五是最大的子脾应排列在蜂箱中央，较小的子脾依次排列在两边。

5. 催蜂上脾。绑脾工作结束后，首先应将蜂箱搬回原来蜂桶的位置，并保持巢门方向一致；然后取下蜂箱的巢门挡，用一块木板或蜂箱副盖斜靠在巢门前，将收蜂笼内所有蜜蜂抖在木板或蜂箱副盖上；最后将蜂王放入蜂团中，让蜂王跟随蜜蜂一起自行入箱上脾，即完成过箱操作。

五、过箱注意事项

1. 过箱开始前，应先将原蜂巢外围及工作环境清理干净，以免操作时污染巢脾。

2. 过箱操作要细心，不要搞散蜂团。

3. 对已有活框饲养蜂群的养蜂场，最好采用借脾过箱的方法进行过箱。

4. 过箱后，应将洒落在蜂箱外面的蜜汁或碎脾及时用水冲洗或掩埋，以防发生盗蜂。

六、过箱后管理

1. 蜂群过箱后，应缩小蜂箱巢门，避免盗蜂侵袭。

2. 当外界蜜粉源不足时，对过箱蜂群应每日傍晚进行奖励饲喂，以促进工蜂造脾和刺激蜂王产卵。

3. 过箱后，如蜂群表现不正常，必须在过箱后的第 2 天下午，开箱查明原因，采取相应措施从速纠正，以防蜂群整体迁飞。

4. 过箱 3～4 天后，应对蜂巢进行一次整理，除去巢脾上已黏牢的绑缚物；对尚未黏牢或下坠的巢脾，要及时进行矫正处理。同时，彻底清除箱底的蜡屑或其他污物。

5. 主要蜜源植物开花流蜜期，对过箱后群势增长较快的蜂群，应及时加础造脾，以便更新蜂巢，促进蜂群繁殖。

6. 对过箱后失王的蜂群，应及时诱入新蜂王或并入有王群。

第七章　中蜂的饲喂方法

当外界缺少蜜粉源，或气候条件不适宜蜜蜂外出采集时，为了维持蜂群的正常发展和繁衍生息，养蜂者必须对蜂群进行人工饲喂。人工饲喂的饲料主要包括蜂蜜、花粉、水、盐等。

第一节　饲喂蜂蜜（糖浆）

蜂群饲喂蜂蜜或糖浆，分为补助饲喂和奖励饲喂两种情况。补助饲喂是在外界缺乏蜜源时，为了维持蜂群的正常生活而进行的饲喂，其特点是饲喂量大，糖浆浓度高，饲喂时间短；奖励饲喂是在外界有蜜源的情况下，为了刺激蜂王产卵或提高工蜂哺育和采集的积极性而进行的饲喂，其特点是饲喂量小，糖浆浓度低，饲喂时间较长。

一、补助饲喂

补助饲喂的具体方式有三种：补助蜜脾、饲喂蜂蜜、饲喂糖浆等。

（一）补助蜜脾

对群势较小的缺蜜蜂群，用蜂蜜或糖浆饲喂易引起盗蜂时，可以将储备的封盖蜜脾削去部分蜜盖，并喷上少量温水，作为边脾或边二脾直接放置于蜂群内供蜂群食用。一般每次补充 1～2 框蜜脾即可；对群势较强的缺蜜蜂群，则可用数框封盖蜜脾，替换出原来的空脾或仅有少量储蜜的巢脾。

（二）饲喂蜂蜜

将蜂蜜按（3～4）：1 的比例兑水稀释以后，再对蜂蜜进行加热灭菌处理（温度不超过 60 ℃），除去泡沫，待蜜温冷却后，即可进行饲喂。饲喂时，既可将蜂蜜倒入饲喂器内，并将饲喂器置于蜂群内隔板外侧，也可将蜂蜜灌注到空巢脾上，再将灌了蜜的巢脾置于隔板外侧。饲喂时间以晚上饲喂为佳；饲喂量以每群每次饲喂 1.5～2 kg，连续饲喂数次，直到补足为止。

（三）饲喂糖浆

饲喂蜂群的糖浆通常用白糖兑水熬制而成。具体方法：将白糖按 2∶1 的比例兑水，以文火化开，待放凉后，灌入饲喂器或空脾中，饲喂给缺蜜的蜂群。熬制糖浆时，可在糖浆中加入 0.1％的枸橼酸，以利于白糖的分解转化。在盗蜂猖獗时期，宜用白糖代替蜂蜜饲喂蜂群，因为白糖无花蜜香味，不易引起盗蜂。

二、奖励饲喂

奖励饲喂的蜂蜜或糖浆浓度要比补助饲喂低，一般蜂蜜兑水的比例为 2∶1，白糖兑水的比例为 1∶1。奖励饲喂量：以每日每群 0.5～1 kg 为宜；奖励饲喂次数：以不会造成蜜压子现象为度（图 7-1）。

图 7-1　奖励饲喂

三、饲喂注意事项

1. 慎用蜂蜜直接喂蜂，特别是来路不明的蜂蜜，以防发生盗蜂和传染疾病。

2. 缺蜜群和强群多喂，反之少喂。

3. 无粉期不奖励饲喂，以防蜜蜂空飞。

4. 饲喂期间，要缩小巢门，以防盗蜂。

5. 饲喂量要以当晚食完为度。

6. 在蜜源中断期喂蜂，要特别注意防止盗蜂。

第二节　饲喂花粉

在蜂群繁殖季节，当外界缺乏蜜粉源时，养蜂者除给蜂群补喂糖浆的同时，还必须补喂花粉。补喂花粉的方式主要有两种，一种是在蜂巢中直接添加花粉脾，另一种是饲喂由花粉制作而成的花粉饼。另外，还可以结合奖励饲喂时，将花粉加入糖浆中进行饲喂或饲喂人工代用粉。

一、添加花粉脾

花粉脾消毒灭菌处理后，喷上少量稀薄的蜂蜜或糖浆，直接加入蜂巢内的产卵圈外侧即可。选用的花粉脾要求无霉变、无巢虫和贮藏时间不超过一年；每次添加花粉脾的数量应根据蜂群的群势大小以及缺乏花粉的程度而定。

二、饲喂花粉饼

将花粉用净水浸泡后，加入适量的糖浆中拌匀，放置 12～24 h，再压制成饼状或搓成长条状，置于大幼虫脾的框顶上，以供蜜蜂自行采食。为防止花粉饼失水干燥，可在花粉饼上覆盖一层干净无毒的塑料薄膜，然后盖好覆布和箱盖。饲喂量以蜂群能在 48 h 内采食完为度（200～300 g），每隔 5～7 天饲喂一次，直到蜂群能够采集到大量外界粉源为止（图 7-2）。

图 7-2　饲喂花粉饼

三、结合糖浆饲喂

将花粉研碎成细末，直接添加到蜂蜜或糖浆中，借助奖励饲喂的过程，与蜂蜜或糖浆一并饲喂给蜂群。花粉与蜂蜜或糖浆的比例以 0.5：10 为宜。

四、饲喂花粉代用品

大部分花粉代用品主要是以蛋白质原料为主，适当加入添加剂，以刺激蜜蜂采食、防控疾病，促进蜜蜂的正常生命活动和生长发育。现介绍几种花粉代用品制作配方，以供养蜂者参考。

配方一：70％黄豆、23％玉米、5.65％蚕蛹、0.5％乳酸钙、0.2％乳酸锌、0.15％维生素 B 全部粉碎充分搅拌均匀，再兑入适量蜂蜜或糖浆制成饼状。饲喂方法：将花粉代用品置于大幼虫脾的框顶上，用一层干净无毒的塑料薄膜覆盖住，每群饲喂 200～300 g，每隔 5～7 天饲喂一次。

配方二：黄豆粉、脱脂奶粉、蜂蜜按 5：2：3 的比例充分搅拌混匀，加入少量复合维生素 B 调匀即可。饲喂方法与配方一相同。

配方三：干酵母粉用净水调成糊状，再加入蜂蜜或糖浆中调匀，煮沸后冷却即可。蜂蜜或糖浆与干酵母粉的比例为 20：1。饲喂方法：每群每次饲喂 500～1000 g，每隔 2～3 天饲喂一次。

配方四：生鸡蛋打碎，去壳后兑入少量净水搅匀，然后加入蜂蜜或糖浆中，充分搅拌混匀即可。蜂蜜或糖浆与生鸡蛋的比例为 10：1。饲喂方法与配方三相同。

五、饲喂注意事项

给蜂群饲喂花粉不能过量，过量花粉容易变干、变质，对蜜蜂造成一定的危害；蜜蜂患有肠道疾病时慎用花粉代用品饲喂。

第三节　喂　水

早春和盛夏，蜂群处于繁殖和越夏时期，水的需求量很大，蜜蜂从外界采集不到花蜜，从而迫使蜜蜂外出采集水分。蜜蜂外出采水时，如遇到强风或寒冷低温天气，就会造成蜜蜂大量伤亡。因此，早春和盛夏时期，应不断地给蜂群进行人工喂水。蜂群喂水的方法有如下几种。

一、巢门喂水

早春和晚秋，在蜂箱巢门踏板上放一个盛满净水的塑料袋，并扎紧袋口，用纱布从塑料袋中把水引到巢门口 1 cm 处，让蜜蜂从湿布上汲取水分。当外界温度特别低时，可将湿布条伸延到巢门内，使蜜蜂在不出巢门的情况下就能采集到水分；夏季，因蜂群需水量大，可采用框式饲喂器或空脾灌满净水，放在隔板外侧，供蜜蜂采集。

目前，大多数中蜂养殖场采用专用的喂水器来进行补充喂水，即用矿泉水瓶装满水，安装在喂水器的长槽头上，然后倒过来放在巢门口即可。

二、巢内喂水

春繁时期，蜂群需水量比较大，为方便蜂群采集水分，以减轻蜜蜂工作量，可配合奖励饲喂，使蜜蜂从奖励的饲料中获取一定水分；越夏时期，可用海绵或毛巾浸透水分，叠加在覆布上面，并经常向上面洒水以保持一定湿度，随时供蜜蜂采集。也可采用框式饲喂器或空脾灌满净水，直接放置于隔板外侧，以方便蜜蜂采集。

蜂群转地运输途中，可以将巢门挡启开，用湿毛巾堵塞在巢门口，并随时向上喷水，能够起到供水降温的双重作用。也可以在蜂群起运前，用喷水器通过巢门向蜂箱内喷水，然后关闭巢门，同样可以起到供水降温的作用。

三、场内喂水

当天然水源离养蜂场比较远时，可在养蜂场地上设置自动饮水器或铺有砂石的水盆，供蜜蜂自行采水。自动饮水器或水盆可分别安置在蜂场两端或某角落。每一蜂场可安置 3～5 个采水点，蜂群较多时，可酌情增加。

注意事项：一是采水点的安置不可距离某一群蜂过近，也不可安置在人行道及行人较多的地方；二是保证采水点随时有水供蜜蜂采水，并经常对自动饮水器和水盆进行清洗处理，及时换上干净水和漂浮物。

第四节　喂　盐

蜂群内若缺少盐分，便会出现幼虫发育不良，成年蜂体质虚弱等现象。一般情况下，蜜蜂能从蜂蜜、花粉等饲料中摄取一定的盐分，只要保证饲料充足新鲜，蜜蜂一般不会缺少盐分。但是，在早春繁殖期间，外界蜜粉源缺乏，蜂群内大量幼虫需要哺育，加上在此期间养蜂者多以白糖或花粉代用品来饲喂蜂群，从而造成饲料天然营养成分降低，蜂群内缺少盐分现象。此外，在盛夏时期，天气炎热，蜜蜂代谢能力下降，也需补充一定量的盐分。

蜂群喂盐，可以与奖励饲喂或喂水同时进行，即在清水或糖浆中，加入 0.5%～1% 的食盐即可。也可以将盐袋直接放在饲水器的流水板上，让蜜蜂自行摄取，其效果更为理想。

第五节　喂　药

在日常管理中，养蜂者除了给蜂群饲喂蜂蜜、花粉、水、盐等以外，为了给蜂群防病治病以及蜂群保健，必要时还需给蜂群饲喂各种药物，例如维生素、中草药等。

一、喂药方法

蜂群喂药主要有饲喂和喷脾两种方法。饲喂可以结合补助饲喂或奖励饲喂同时进行，即将药品添加到饲料中直接饲喂给蜂群。该方法适于治疗蜜蜂慢性病或蜂群保健时使用，用药浓度可适当低一些；喷脾是将药品溶解到清水或糖浆中，用喷雾器向蜂体或巢脾上喷洒，该方法适用于治疗蜜蜂急性病，用药浓度可适当高一点。

二、喂药剂量

正常情况下，一个成年人每天的用药量可用于治疗 20 框蜂。用药间隔时间因蜂群病情而异：慢性病或保健用药，可每隔 3～4 天饲喂一次；危急的暴发病症，可每隔 1～2 天喷脾或饲喂一次。

三、喂药注意事项

1. 蜂群用药要慎重，不可随意喷、喂各种药物，特别是在蜜源植物的开花流蜜期，尽量不要喷、喂药物，以免对蜂蜜等蜂产品造成污染。

2. 春繁时期，为了促进蜜蜂幼虫的健康发育，可以给蜂群适当补喂维生素或中草药等保健药品。

3. 蜜源植物开花流蜜期，蜂群营养充足，健康状况良好，没有必要给蜂群补喂维生素等保健药物。

第八章　中蜂的人工育王

第一节　蜂王的培育

一个蜂群的经济性状如何，关键取决于蜂王品质的优劣程度。因此，在养蜂生产中，我们应该有目的地选择那些蜂王产卵能力强、群势强大、性情温驯、迁飞性弱、护脾能力强、工蜂采集能力强和抗病敌害能力强等优良经济性状的蜂群来进行育王育种，以此来满足蜂群生活与养蜂生产的需要。中蜂人工育王的原理及操作技术类似于西方蜜蜂的蜂王浆生产，但是人工育王的时间选择与具体措施比蜂王浆生产的要求更为严格。

一、人工育王条件

（一）外部条件

1. 要求外界具有连续 40 天左右的丰富蜜粉源。

2. 要求外界要有 20 ℃以上的温暖而稳定的气候条件。晚春和初夏，天气比较温暖，蜜源植物十分丰富。此期培育出来的蜂王体魄健壮，品质优良；此期培育出来的雄蜂个体大，身体强健，有利于处女王的择优交配，提高交尾质量。

（二）内部条件

1. 要求蜂群中具有大量适龄健壮的雄蜂。

2. 要求蜂群中具有大量 6～8 日龄的适龄哺育蜂，群势强壮、健康。

3. 育王期间，对蜂群应进行适当的奖励饲喂，当缺乏花粉时，必须补喂蛋白质饲料。同时，在移虫育王前第 19～24 天应开始着手雄蜂的培育。

二、人工育王优点

相对于自然育王而言，人工育王具有以下优点：

1. 人工育王可对各项经济性状优良的蜂群进行有计划、有目的地筛选培育，从而对那些经济性状表现不佳的劣质蜂种进行淘汰。

2. 一次性培育较多蜂王，便于蜂场的统一管理。

3. 有计划地对蜂场进行统一集中换王，及时淘汰产卵能力衰退的老旧蜂王。

4. 满足中蜂养殖场实行人工分蜂时对蜂王的需求。

三、人工育王工具

(一) 移虫工具

移虫工具包括金属移虫针、牛角片移虫针、鹅毛管移虫针、弹簧移虫针等。弹簧移虫针移虫速度快，不易损伤幼虫。

(二) 蘸蜡棒

采用纹理细致而易吸水的木料制成，长约 100 mm。上端手柄较粗，直径 12～13 mm；下端（蘸蜡端）通常呈半球形，直径 6～7 mm；距下端部 10 mm 处，直径 8～9 mm，此处可画上标线，确保蘸蜡时不超过此线。

使用方法：蘸制台基时，事先把蘸蜡棒置于清水中浸泡 30 min，然后取出甩干水滴，垂直插入温度约为 70 ℃的蜡液中，连蘸 3～5 次。首次插入深度为 10 mm，其后每次缩短 1 mm。蘸好后，放入冷水中冷却片刻，即可用手指轻轻旋转脱下蘸制的台基。

(三) 人工台基

1. 蜂蜡台基。用蘸蜡棒蘸蜂蜡制成，呈圆柱形，底部为半球形，上口直径 8～9 mm，底部直径 6～7 mm。使用方法：将多个蜂蜡台基成排黏在育王框的台基条上，供移入工蜂幼虫。

2. 塑料台基。采用无毒塑料用机械设备成批制成。其形状有倒圆锥台形、圆柱形或坛形等；颜色有白色、淡绿色和棕色等；形式有单个和多个成条状等多种。塑料台基育王优点：王台干瘪少、移取王台方便且速度快和可观察王台内部情况等。塑料台基普遍用于生产蜂王浆，少数在人工育王中使用。人工育王应采用单个的塑料台基，以便于成熟王台的分配。生产蜂王浆时，大都采用连在一起的塑料台基条。

(四) 育王框

采用杉木或桐木制成，其外围大小与巢框相似，框梁的宽度要比巢框稍窄，通常为 15～18 mm，框内有 3 个台基条供安装人工台基，台基条可任意转动或拆卸，以便移虫或割取王台。使用时把人工台基黏附在台基条上，供移虫育王。通常每个台基条上安装 7～15 个台基，台基间隔 15～25 mm。蜂蜡台基移虫前 1.5～2 h 插入育王群让内勤蜂进行修整；而塑料台基应在移虫前 12～24 h 插入育王群让内勤蜂修整。

四、人工育王方法

（一）种用蜂群的选择标准

1. 采蜜能力强，能保持高产。因为采集力强是中蜂稳产、高产的保证。

2. 分蜂性弱，能维持强群。南方以选择能够维持 6～8 框蜂的蜂群为宜。

3. 抗病能力强，尤其是抗囊状幼虫病能力强。

4. 抗逆性好，对不良环境的抵御能力和适应性强。

5. 口器长，个体大，能采集各种类型的花蜜。

6. 迁飞性弱，性情温驯，护脾能力强。

（二）种用蜂群的组织

1. 父群。在移虫育王前 19～24 天，先割去除父群、母群以外其他蜂群中的雄蜂蛹，将非种用蜂群的雄蜂全部淘汰掉；再将老旧巢脾的下部切去 1/4 或 1/3，插入父群中两个蜜脾之间，让工蜂重新筑造新的雄蜂房。待新雄蜂房快筑造到一半的时候，于傍晚时分，将这个巢脾移到两个子脾之间，以供蜂王产下雄蜂卵。这样利用父群所培育的雄蜂个体大、身体强健。

2. 母群。在移虫育王前 4 天，将经工蜂清理过的成色比较新的浅褐色巢脾插入母群的两个蛹脾之间，供蜂王产卵。保留母群中未封盖的幼虫脾，酌情抽出一部分卵虫脾调给其他蜂群，使用蜂王在新巢脾上产下的这一批卵所孵化的幼虫进行移虫育王，以保证移虫育王的质量。

（三）育王群的组织与管理

1. 育王群的选择。为了控制工蜂产卵，中蜂人工育王一般采用有王群育王。因此，在育王群的选择上，一是应选择那些有分蜂热或自然交替倾向的健康强群作为育王群；二是选择的育王群必须是有王群，且蜂王年龄在 1 年以上；三是育王群的群势应在 6 框蜂以上，且有大量 6～8 日龄的适龄哺育蜂。

2. 育王群的组织。在移虫育王的前 1 天，选择具有分蜂热或自然交替倾向的健康强群，用隔板将蜂王限制在留有2～3框巢脾的侧产卵区内，另一侧组成育王区。育王区中保留2框储有蜜粉的成熟蛹脾和2框幼虫脾，幼虫脾居中。育王群中应保持1：0.8的蜂脾比例关系，使蜂群的群势密集。当育王群的群势不足时，应提前6～7天补入老熟封盖子脾。

3. 育王群的管理。育王群可以用母群，也可以用表现良好且哺育力强的其他蜂群代替。选择具有分蜂欲望的其他强群作为育王群时，首先应剔除蜂群中的所有自然王台，并在人工王台封盖前，每晚对育王群进行奖励饲喂，以提高哺育工蜂的哺育积极性。育王框应放在育王区中两个小幼虫脾之间，育王框两侧的蜂路应缩小成单蜂路（5 mm），以提高育王群的王浆分泌数量及质量（图8-1）。

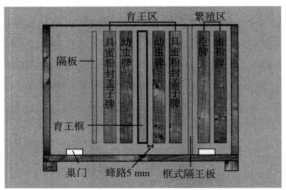

图 8-1　育王框插入位置

（四）准备育王框

移虫前，先用王浆水将王台基内壁涂抹一次，或将蜂蜡台基在移虫前1.5～2 h插入育王群修整，塑料台基在移虫前12～24 h插入育王群修整，以此提高移虫后王台的接受率（图8-2）。

图8-2 已在蜂群中进行修整的育王框

（五）初次移虫

将被蜂群修整后的育王框取出，并进行脱蜂处理；取下台基条或将台基条翻转90°，使台基口朝上；每个台基中移入一条刚孵化的1～1.5日龄的工蜂小幼虫；将所有台基移完幼虫后，恢复台基口向下的位置状态，再把育王框插入到育王群中原来的位置。移虫时间以17：00至傍晚为宜（图8-3）。

图8-3 移虫育王

（六）第二次移虫

第一次移虫24 h后，将育王框从育王群中取出，用口吹或蜂刷驱赶附着在育王框上的蜜蜂，取下台基条或将台基条翻转90°，使王台口朝上，用镊子将王台口稍微拨大一些，然后用镊子夹掉第一次移入的幼虫，并保持王台中王浆原样。最后，在第一次移入幼虫的位置重新移入一条刚孵化后1日龄内的小幼虫。第二次移虫工作完成后，速将台基条复位，并将育王框插还到育王群中原来所在位置。

（七）移虫后的管理

移虫后 24 h 内，不能随意开箱检查，以免影响哺育蜂的正常哺育工作。移虫次日应查看王台接受情况；第 4 天再查看台内幼虫发育及王浆含量情况；第 6 天应查看王台封盖情况，及时将未封盖的、歪斜的、细小的王台淘汰掉，并毁掉育王群中的自然王台。在王台未封盖前，每天应对育王群进行奖励饲喂，以提高哺育工蜂的哺育积极性。

（八）组织交尾群

移虫后第 8～9 天，即在分配王台前 1～2 天，为每个王台准备一个小群，用于让新出台的蜂王交尾，在养蜂上称之为交尾群。交尾群既可以采用代用交尾箱，也可以利用群势较强的蜂群组织。一般情况下，早春因为气温比较低，不宜另行组织交尾群，而应该选择群势较强的蜂群，在蜂箱的一侧组织交尾群。代用交尾箱既可以用标准蜂箱从中间用闸板隔开成两个交尾群（巢门前后分开开门），也可以用标准的 1/2、1/3 或1/4 交尾箱，将标准巢脾分成 2～4 块布置。

1. 采用代用交尾箱组织交尾群（图 8-4）。从同一个强群中抽取 1～2 框连蜜带蜂的成熟蛹脾放在交尾箱的每室中，并将交尾群置于幽暗通风的地方，关闭一个晚上。次日早晨，把交尾群分散排列在交尾场地，用纸团轻轻塞住巢门，让蜜蜂咬穿纸团后出巢，以促使蜜蜂重新认巢。中午开箱检查，毁掉王台，诱入成熟王台。

图上半部分为代用交尾箱的侧面，下半部分为代用交尾箱的剖面。

图 8-4　代用交尾箱

2. 利用强群组织交尾群。诱入王台前 1 天，将强群中的蜂王掐死或关在囚王笼中，置于箱内后部底板上，待新蜂王交尾成功产卵后，再处死原蜂王。也可以在原群中隔出一个小区组织交尾群（图 8-5）。

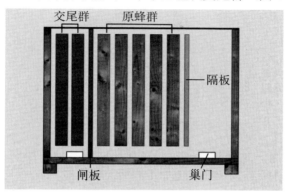

图 8-5 原群组织交尾群

（九）王台的提取与诱入

育王移虫后的第 10 天，从育王群中提出育王框，取下王台条，割下王台，分别诱入各个交尾群中，并放置在交尾群中央的适宜位置上。诱入王台时，可以用手指压倒一些巢房，将诱入的王台直接嵌入巢房凹陷处，再把巢脾紧靠一些，但不能挤坏王台（图 8-6）。

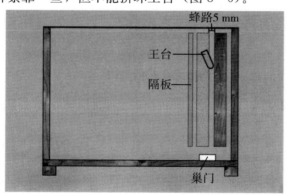

图 8-6 诱入王台位置

注意事项：一是提取王台时，注意防震和保温，以免损伤蜂王；二是提取王台过程中，应保持王台自然方位；三是采取措施保护王台，安全诱入王台；四是必须保证交尾箱中无其他王台或蜂王存在。

（十）交尾群的管理

1. 交尾群应根据地形地势作分散排列，以便处女王和工蜂认巢。

2. 保持交尾群内饲料充足。

3. 检查交尾群时，应在蜜蜂出巢前或归巢后进行，避免在蜂王婚飞时间开箱检查。

4. 检查交尾群时，应重点检查处女王是否存在、处女王的交尾、产卵以及交尾群内储蜜等情况，出现异常情况应及时处理。

5. 检查交尾群时，动作要轻、稳，避免惊扰处女王，防止处女王受惊起飞。

6. 尽可能缩小巢门，缩短检查时间，防止盗蜂。

7. 检查多室交尾群时，应用覆布盖住同箱其他交尾群，避免同箱处女王误入他群，造成损失或避免惊扰同箱其他交尾群。

8. 适当采取奖励饲喂，促进处女王交尾。

9. 注意防止胡蜂或蚂蚁的危害。

10. 人工育王完成后，由强群组织的交尾群可直接合并到强群中；由代用交尾箱所组织的交尾群，应将小交尾框分类合并，连同附着蜂共同组成一个无王群，分别合并到其他蜂群中。加入的交尾脾应放在合并群中边脾的外侧，待交尾脾中的幼蜂出房及储蜜被吸完以后，将交尾脾提出保存待用。

第二节　蜂王的诱入

在养蜂生产中，会经常遇到蜂群中的蜂王突然丢失、蜂王衰老、残伤、产卵力下降等现象，针对这些情况，我们必须给蜂群重新诱入一只新的优质蜂王。另外，在人工分蜂以及引进优良种蜂王时，也涉及蜂王的诱入，而蜂王所分泌的蜂王信息素，能使蜜蜂很快识别该蜂王是否出自于本群，当一个蜂群遇到一只陌生蜂王侵入本群时，陌生蜂王就会遭到工蜂的围杀和攻击。因此，为了保证蜂王的安全，在给蜂群诱入蜂王时，应根据不同蜂群的特殊情况而采取不同的方法进行相应地处理。诱入蜂王的方法有两种：间接诱入法和直接诱入法。

一、间接诱入法

间接诱入法就是通过全框诱入器、扣脾诱入器或密勒氏诱入器等器具，将蜂王暂时囚禁起来，再放到蜂群中，经过一段时间的适应后再将其释放出来，以保证蜂王的绝对安全。特别是给蜂群诱入贵重蜂王、处女王或给失王已久的蜂群重新诱入一只新蜂王时，宜采用间接诱入法。

采用全框诱入器诱入蜂王时，应将一框连蜂带王的蜜脾装入全框诱入器中，关闭上面的盖板后，放入无王群中，经过1~2天的适应，撤去全框诱入器即可。由于蜂王在蜂群里生活了一段时间，并在全框诱入器内能够正常产卵，释放出来后其行动稳健、自然，很容易被蜂群所接受。

采用扣脾诱入器诱入蜂王时，应先将蜂王装入诱入器内，然后在无王群中提取一框幼蜂多，且有少量储蜜的子脾，再将扣脾诱入器扣在仅有少数幼蜂和一些储蜜的部位，抽出扣脾诱入器的底板，放回到无王群中。经过1~2天后，提出巢脾进行观察，如发现有一些蜜蜂聚集在纱网外面，甚至有的蜜蜂撕咬纱网，则说明蜜蜂没有接受蜂王，仍需继续将蜂王囚禁几天时间，直到蜂王被接受为止；如发现纱网外面没有蜜蜂聚集，或有蜜蜂对蜂王进行饲喂时，表明蜂王被蜂群所接受，即可将蜂王释放出来。为了防止意外，在释放蜂王时，最好对蜂王所在的巢脾用稀薄的蜜水喷几下。

二、直接诱入法

大流蜜期间，无王群容易接受外来蜂王，宜采用直接诱入法诱入蜂王。具体操作方法：于傍晚时分，给即将诱入的蜂王身上喷少许蜜水，然后将它放在无王群的巢门口或巢箱内的框梁上，让它自行爬入蜂巢内。也可从无王群中取出2框蜂抖落在巢门前，将诱入的蜂王放在蜜蜂中，让蜂王和蜜蜂一同爬进蜂箱。为了提高诱入蜂王的成功率，可以采取向蜂群中喷酒、蜜水或淡烟等一些辅助措施。

三、围王的解救

在养蜂生产中，常出现蜂群因诱入蜂王不成功、处女王错投、盗蜂或其他敌害侵入等原因，致使蜂王遭遇工蜂围杀的现象。蜂王受到工蜂围杀时，应立即对蜂王进行解救，否则会影响蜂群的正常繁殖和生产。蜂王的安全与否，可以通过箱外观察来进行判断：如蜜蜂采集正常，箱底无死蜂出现时，表明蜂王已被蜂群接受；如蜂群秩序混乱，开箱检查时，发现箱底有死蜂或小蜂球出现，表明蜂王被围攻，应立即进行解救。

围王解救方法：将蜂球投放到水中，也可喷以蜜水或烟雾，迫使蜂球散去。蜂球散去后，找到蜂王进行认真检查，如果蜂王没有伤残，可用安全诱入器扣在巢脾上重新诱入。否则，将蜂王淘汰，查找蜂王诱入失败的原因，从速纠正，重新诱入蜂王。

四、防止处女王错投

给蜂群诱入处女王或成熟王台时，如果蜂群布置过于密集，常会引起处女王外出交尾归巢时误投他群现象，处女王误入他群后会遭遇工蜂的围杀，造成不可估量的损失。因此，如养蜂场地受限，需要蜂群密集陈列时，一定要将各蜂群的巢门错开，或用不同的颜色进行标记，以便处女王认巢。也可以采用加装巢门隔王片的方法，来减少处女王的错投概率。

第九章　中蜂的基础管理

　　我国是一个养蜂大国，养蜂在我国有着良好的传统和基础，许多农民都是通过养蜂走上了致富之路。但是养蜂又是一门科学，只有科学养蜂才能获得丰产丰收，获得比较理想的养蜂经济效益。因此，要想养好中蜂，不仅要对蜜蜂生物学有较全面认识，还要对气象学、植物学、土壤学及市场经济学等知识有一定了解。要多动脑多学习，多总结经验教训，不断提高自己的理论知识及实操技术水平，逐渐摸索出一套适合自己的饲养管理经验。

第一节　蜜源的考察

　　一个蜜源植物丰富的地方，蜂群发展快，为养蜂者提供的蜂产品多，养蜂经济收益大。蜜源植物的花蜜和花粉是维持蜂群正常生活的唯一食物来源，在没有蜜源植物的地方养蜂，蜂群自身的正常生活都难以维持，更别说为养蜂者提供多余的蜂产品了。因此，充分了解和掌握养蜂场周边蜜粉源植物的分布情况，是养好中蜂的基础工作。

　　判断一个地方的蜜源植物是否丰富，首先，在养蜂之前，亲自去现场进行实地考察，多向当地的农户、养蜂人请教询问，了解当地有哪些主要树种，农民偏爱种植哪类农作物，当地有没有人从事养蜂，每年蜂蜜的收成怎么样，通过与农户的交谈大致掌握蜜源植物的种类及开花泌蜜等情况。其次，要去现场核实，看看其中有哪些蜜粉源植物，树龄、长势怎么样，目测一下每种蜜粉源植物的面积有多大，每种蜜粉源植物的开花泌蜜时间及泌蜜量的大小、有无大小年等，做到心中有数。

　　一个理想的养蜂场地，要求在场地周围 2～3 km 范围，全年至少要有 1～2 种大面积的主要蜜源植物和十几种到几十种一年四季花期交错的小面积辅助蜜源植物。我国南方常见的大宗蜜源植物主要有油菜、紫云英、柑橘、板栗、山杜英、女贞、乌桕、洋槐、荆条、荔枝、桂圆、五倍子、鸭脚木、柃属等，不同地区存在一定差异。

第二节　蜂群的选购

一、蜂群选购标准

中蜂具有一些优良的经济性状，同时也存在着一些缺点与不足。为了提高中蜂饲养经济效益，选购时应注意蜂群选购标准：

1. 选购对当地的各种蜜蜂病敌害有较高的抵抗力和适应力，不易发病或发病后自愈力强的蜂群。

2. 选购能适应当地蜜源植物的分布，对集中或分散零星的蜜源、不同长度花冠的蜜源、不同季节开花的蜜源以及生长在不同地域和海拔高度的蜜源能进行很好地采集的蜂群。

3. 选购分蜂性、盗性、好螫性、弃巢性等较弱而繁殖力、抗逆力、采集力等较强以及性情温驯、便于管理和操作的蜂群。

二、蜂群选购时间

不同季节购买蜂群，其购买价格、饲养成功率及经济效益等方面都存在很大的差异。

春季为购买蜂群比较适宜的时间，但价格贵。首先，此期蜂群已度过严寒的冬季而进入到春季的繁殖期，新老蜂交替已经完成，蜂群表现比较稳定，发展速度比较快；其次，此期外界的蜜粉源植物已相继开花泌蜜，蜂群不需补喂饲料，饲养成本低，养蜂收益见效快，饲养成功率比较高；再次，此期的气温对蜜蜂和养蜂者都比较适宜，有利于蜂群的采集和养蜂者的操作管理。但是，此期购买蜂群，为购买蜂群价格最贵的时候，因为春季蜂群正处于繁殖期，外界蜜源丰富，蜂王产卵旺盛，蜜蜂外出采集的积极性高，每框蜂很快就可以发展成数框蜂，一群蜂可以变成两群蜂以上。

夏季购买蜂群虽然价格比较便宜，但是此时购买的蜂群往往已没有时间发展成为强群，在接下来的越夏时期内很难获得收益，也就是说，此时购买的蜂群对当年的蜂蜜生产帮助不大。在通常情况下，夏季购买蜂群仅仅是为突击补充现有蜂群群势的一种临时性措施。

秋季一般很少有人购买蜂群。因为此时购买蜂群，不仅当年没有收成，而且蜂群很快进入到秋季繁殖时期，常常需要一定的饲料投入，增加饲养成本。

冬季属于蜂群越冬困难时期，非特殊情况下不宜购买蜂群。

三、蜂群选购数量

对初学养蜂者来说，购买蜂群时，切忌盲目地追求蜂群数量，一般以购买 5～10 箱为宜，最多不要超过 10 箱。因为中蜂饲养是一个具有很强实操性和经验性的技术活，必须在实践中不断地学习、摸索和总结，才能逐步地提高自己的饲养管理水平。如果一味地贪多求快，往往会导致因饲养不成功而造成不必要的经济损失。

四、蜂群选购地方

初学养蜂者应在附近从事多年养蜂工作的养蜂人处购买蜂群比较适宜。因为初学养蜂者与周边的养蜂场相距很近，来往比较方便，有利于与老养蜂人互相交流、互相学习，吸取老养蜂人的成功养蜂经验，避免走弯路，以提高养蜂的成功率。另外，也可以从专业种蜂场或养蜂科研机构等单位购买蜂群。

五、蜂群选购注意事项

（一）箱外观察

选购蜂群时，应选择那些巢门前干净、无死蜂，采集蜂出入频繁并携带花粉比例较多的蜂群为待购蜂群。如果要连蜂带箱一起购买，应选择那些既不太新也不太旧，蜂箱尺寸符合标准，箱体牢固无破洞或破损，箱盖和箱体开启吻合，巢门开关严实，副盖和纱窗网无破洞的箱体。

（二）开箱检查

待购蜂群确定后，应对蜂群逐一进行开箱检查。主要检查以下几个方面：

1. 查看工蜂的表现。若工蜂个体较大且颜色鲜亮，表明工蜂遗传性状好，没有染病；工蜂比较安静，不惊慌，不乱蜇人，表明工蜂性情温驯，易于管理操作。

2. 查看蜂王的表现。若蜂王个体大、腹部圆长而丰满、尾末略尖，全身密披绒毛，开箱时仍正常产卵，行动迅速稳健、不惊慌，表明为优质蜂王。

3. 查看蜂王产卵表现。蜂王产卵圈面积大、整齐成片，一房一卵，卵粒饱满正直，表明蜂王比较年轻且产卵力强，能维持较大群势。揭开蜂箱后，若有难闻的味道，多半可能为蜂群有病，建议不要购买。

（三）查看巢脾

首先，查看巢脾上面的卵、小幼虫、大幼虫及封盖子的日龄是否一致且整齐成片，不能有"花子"现象。其次，确认封盖子不能有穿孔、塌陷、昏暗等病症。第三，确认幼虫不能有变色、变形、变味等病症。第四，查看巢脾的新旧程度，要求巢脾要新（色浅）而不能太旧（色深而发黑）。第五，确认巢脾的边角是否有蜜有粉，边脾上的储蜜是否充足。第六，保证早春每箱蜂不能少于2框，夏秋应在5框以上，并有相当比例的子脾。

（四）饲料储备

夏、秋季节购买蜂群时，要求在该年度里还有一种以上的主要蜜源植物，以保证蜂群越冬所需要的饲料储备。否则，此时购买蜂群，除了增加饲料成本外，还可能存在蜂群饲养失败或越冬失败的风险。

第三节　场地的选择

养蜂场地条件怎么样，直接关系到养蜂生产成功与否。一个比较理想的养蜂场地，应该同时具备蜜粉源丰富、小气候适宜、水源干净充足、交通便利发达和环境僻静安全等条件。

一、蜜粉源丰富

丰富的蜜粉源植物是实现养蜂稳产保收的有力保障。一个养蜂场的周边，存在的主要蜜源植物的种类当然是越多越好，如果没有更多的主要蜜源植物存在，最起码要保证全年至少有一种以上的主要蜜源植物和多种花期交错的辅助蜜源植物，以确保蜂群能自给自足而不挨饿，并能有富余蜂蜜供养蜂者采收。

二、小气候适宜

一个地方的小气候受植被情况、土壤性质、地形地貌和湖泊、灌溉等因素的影响较大。这些小气候特点，会直接影响蜜蜂的飞翔天数、出勤时间的长短、采集蜜粉的飞行强度以及蜜源植物的泌蜜量等。一个比较理想的养蜂场地，小气候应符合以下条件：

1. 养蜂场的西北面最好有小山、院墙或密林遮挡，即场地背面有挡风屏障，防止冷风吹入蜂箱中。

2. 养蜂场的地势要求高而干燥，不积水不潮湿，防止养蜂者和蜂群因受地下湿气的侵袭而生病。

3. 不宜在高寒的山顶，或经常出现强大气流的峡谷，或容易积水的沼泽荒滩等地建立养蜂场。养蜂场一定要建在山脚或山腰南向的坡地上。

4. 养蜂场的前方要求地势开阔，有利于蜜蜂的起落和飞行。

5. 养蜂场内要求光照充足，有利于蜂群的保温和养蜂者的工作采光。

6. 养蜂场中间最好能有稀疏的小树遮阴，以免蜂群盛夏遭遇烈日曝晒，并能享受夏日里吹来的凉爽南风。

三、水源干净充足

养蜂场附近要有良好的水源，最好是涓涓的小溪或有清澈活水的小河、小渠，既可供蜜蜂安全地采水，也能解决养蜂者的生活用水问题。养蜂场附近不可有水库、湖泊、大江、大河等大面积水域，以免蜜蜂采水时无处落脚歇息；特别是遇到刮风天气，当蜜蜂飞往采水或飞越水面采集蜜源时，常会造成大量蜜蜂被刮入水中而溺死。在工厂排出的污水源附近，也不可设置养蜂场，以免蜜蜂采水中毒而亡。

四、交通便利发达

养蜂场地的生产、生活资料和蜂产品的运输，都离不开便利的交通。若将一个养蜂场建在一个交通闭塞的偏僻之地，会给蜂群和蜂产品的运输以及养蜂者的生活带来很大的困难。因此，养蜂场地一定要选择在交通条件便利发达的地方。

通常在交通便利的地方，蜜粉源的破坏情况也比较严重，当蜜粉源和交通不能两全时，应首先重点考虑蜜粉源条件，同时兼顾养蜂场地的交通条件。

五、环境僻静安全

蜜蜂是一种喜欢安静、怕震动、怕吵闹、怕烟火的昆虫，即使是性情温驯的蜜蜂，久待于高分贝噪声之下，也会变得凶暴不安，容易蜇人。因此，为了避免人与蜂相互干扰、相互影响，养蜂者在选择养蜂场地时，应注意以下事项：

1. 养蜂场要与车行道和人行道保持一定的距离，要远离市场、工矿、采石场、铁路、学校等人声嘈杂之地。

2. 蜜蜂对环境安全的敏感性很高，化工厂、农药厂、农药仓库、高压变电站、强磁场附近，或刚使用过农药的农田等处不能放置蜂群。

3. 不能在糖厂、果脯厂等使用糖类为原料的工厂或香料厂附近放蜂。

第四节　场地的布置

中蜂养殖是一项造福人类和社会的甜蜜事业，非常适合农村经济发展。养蜂者常将蜂群摆放在自家的房前屋后，或者将蜂群放置于离自家不远的地方放养。因而养蜂场不需要在基础设施建设方面投入太多的资金，即使小转地放蜂，养蜂者大多也是租赁当地农户的空余房屋作临时居所，或者就在养蜂场里临时搭建一个帐篷，因地制宜地安顿好自己的日常生活。养蜂场地的布置应考虑以下因素：

一、科学布置蜂群

1. 养蜂场地较大时，可采用单箱单列或双箱单列的排列方式，即单群或双群为一组，各组排成一行（图9-1）；如果养蜂场地小、蜂群多，需密排时，可采取双箱多列或三箱多列的排列方式，即双群或三群为一组，多组排成一行，全场再排成多行。蜂群之间的距离最好不低于0.5 m，组间的距离不低于1.5 m，行间的距离不低于2.5 m。此外，交尾群或新分群应分散布置在养蜂场边缘。

图9-1　单箱布置蜂群

2. 应依据地形、地貌等条件，尽可能地将蜂群作分散排列，各群的巢门方向应尽可能错开；利用斜坡布置蜂群时，要使各蜂箱的巢门方向、前后高低各不相同（图9-2）；蜂箱巢门尽量多朝南或东南或西南方向，可使蜜蜂提早出勤，并有利于低温季节蜂巢的保温；蜂群排放比较密集时，为帮助蜜蜂识别记忆自己蜂箱的位置，可在蜂箱前壁涂以黄、蓝、白、青等不同颜色或设置不同图案，以方便蜜蜂认巢，减少蜜蜂迷巢现象。

图 9-2　斜坡布置蜂群

3. 直接将蜂箱放在地面，蜂群易受地下湿气侵袭而生病，也容易受到蚂蚁、蟾蜍等的危害。因此，要用箱架或木桩将蜂箱支离地面 30～40 cm。同时，为了防止日晒或雨淋，应在蜂箱上覆盖隔热、防雨等遮具或在蜂箱上方搭建凉棚等；箱体垫高后，应放置平稳，以防因风吹或人员疏忽而将箱体吹翻或碰倒；巢门不可面对墙壁或篱笆等障碍物，应朝向空旷开阔之处，使蜜蜂外出采集时，出入畅通无阻。

二、控制蜂群数量

根据养蜂场地的地形、地势和蜜粉源条件等决定蜂群的饲养数量。一般来说，中蜂饲养数量以不超过 100 群为宜，蜂场与蜂场之间至少应相隔 2 km，以免相互干扰，传播疾病，并减少盗蜂发生的机会。

三、实施蜂群编号

为了方便管理，在蜂群进场前，要对所有的蜂群进行逐一编号，并预先设定好各蜂群的具体位置；蜂群进场后，要按预先设定好的位置将蜂箱进行对应摆放，并建立好养殖档案和台账，实行定期跟踪记录。

蜂箱位置确定后，不能随意移动蜂箱。因为中蜂认巢能力很差，一旦蜂箱位置发生变化，采集蜂就会因找不到家而无法顺利回到原巢，从而引起采集蜂错投他群现象。更为严重的是，如果这种情况发生在缺蜜季节里，可能会因此而引发盗蜂的风险。

四、谨防蜂群中毒

一般在经济和粮油等蜜粉源作物的花期，种植户会施用农药来杀虫。因此，在种植这些蜜粉源作物的地方，蜂群应放在与之相距至少 50 m 以外的地方，以减轻蜜蜂农药中毒的危害程度。此外，有毒蜜粉源的地方，例如雷公藤、松树、柏树等，也不能作为养蜂场地。

五、注意蜂场卫生

新开辟的养蜂场地，要铲除杂草、平整土地、清除垃圾，才能摆放蜂群。蜂场一旦投入使用，每天都应保持良好的卫生状态。

第五节　蜂群的检查

为了全面了解和掌握蜂群内部的详细情况，以便采取适当的管理措施，避免造成不必要的经济损失，我们必须在日常管理中对蜂群进行有目的地定期检查。蜂群检查分为开箱检查和箱外观察两种方法。开箱检查（分为全面检查和局部抽查）可亲眼看到蜂群内部详细情况，观察准确细致。但是，开箱检查难免对蜂群的巢内生活秩序造成一定影响。例如，当外界气温较低时，蜜蜂为了育子，巢内温度长期恒定在适宜的范围，此时贸然开箱提脾检查，必定使巢内温度降低，从而影响蜜蜂幼虫的正常发育。因此，要根据蜂群的生物学特性及规律，并结合外界自然条件灵活掌握开箱检查的时机。在日常管理中，蜂群检查应以箱外观察为主，在对箱外观察持有怀疑时，可开箱进行部分抽查，实在难以弄清问题时，可实行全面检查。

一、全面检查

全面检查就是依次打开全场每个蜂群的箱盖，揭开覆布，逐框提出巢脾，将蜂群认真仔细地查看一遍，了解蜂群内部一切情况，以便及时采取管理措施。这种检查方法虽然工作量较大，但能准确全面地了解蜂群内部的情况，从而有针对性地对每个蜂群采取相应的管理措施。例如，养蜂人员通常在蜂群越冬前、春繁前、采蜜前、施药前等都对蜂群进行一次全面的检查。

（一）开箱前准备

开箱检查前，养蜂者要做好一些准备工作。例如，准备好面罩、防护手套、起刮刀、蜂刷和遮盖布等防护和管理工具；为了记录检查情况，还应准备好养殖记录台账和笔。在开箱检查过程中，遇到某些性情较暴躁的蜂群，需提前准备好喷烟器，并找一些废棉絮等杂物，将喷烟器点燃。另外，准备一个或几个空蜂箱，以便存放抽出来的巢脾；在蜂群繁殖季节，准备好部分空巢脾或上好巢础的巢框，以便及时造脾扩巢。

（二）开箱操作

检查蜂群时，检查者应置身于蜂箱两侧，背向太阳，切不可站在蜂箱巢门前方，以免影响采集蜂的进出。具体操作步骤如下：

1. 先打开蜂箱的箱盖，并将其倚靠在后箱壁旁侧，然后揭开覆布，将覆布翻转后放在巢门前地面上，并将其一角搭在巢门踏板上，以便覆布上的蜜蜂自行爬入箱内。对于凶暴好蜇的蜂群，可用喷烟器对准框顶喷少许淡烟，待蜂群驯服以后，再提脾检查。

2. 提脾之前，先用起刮刀依次撬动隔板和巢脾的框耳，将隔板向边脾外侧推移后，依次将巢脾拉开 3～5 cm 的间隙，即可提脾检查。

3. 提脾时，先用双手的拇指和食指紧紧夹住巢脾的两个框耳，将巢脾由箱内垂直向上提出，注意不能使巢脾与邻近的巢脾相刮擦，以免挤伤蜜蜂或激怒蜂群。

4. 检查时，巢脾要置于蜂箱正上方，不能离蜂箱太远或太高，以免因操作不慎将蜂王掉落到地面而造成损失。提起巢脾之后，用中指轻轻抬住巢脾的两个侧梁，向近身一面稍稍倾斜，再进行全面认真观察（图9-3）。检查完巢脾近身一面后，再翻转巢脾，检查巢脾的另一面（图9-4）。翻转巢脾方法如下：

图9-3　检查巢脾近身面　　　　图9-4　检查巢脾另一面

方法一：一只手相对不动，另一只手将夹住的框耳逐渐提高，使巢脾上梁由水平变成与地面垂直，再以上梁为纵轴将巢脾旋转180°，最后将双手放平，使巢脾的上梁在下，底梁在上，即可查看巢脾的另一面。检查完毕后，将巢脾复原至刚提出时的状态。这种方法既能使脾面与地面始终保持垂直，可避免巢房内的蜜、粉掉出，也能使检查者看清巢房内部情况。

方法二：看完近身的一面巢脾后，将巢脾上梁向身体一侧稍微倾斜，使巢脾底梁向外倾斜，两个中指由靠垫在侧梁外侧移到内侧。如果蜂箱内巢脾已达7～8框，可将隔板暂时取出竖立在蜂箱侧壁，随后每检查完一框巢脾都向蜂箱的另一侧靠近。这样，检查完最后一框巢脾并做出必要的调整后，只需将隔板放到蜂箱内原来相对的一侧即可。

检查时，如果蜂箱内巢脾已经放满，可先取出隔板，再提出一张边脾（切勿提子脾或带蜂王的巢脾）轻轻倚靠在箱侧壁，以便给蜂箱内腾出一点空间。这样每次提脾就不会与其他巢脾相碰撞，从而保证了蜂王的安全，也不至于激怒蜂群。待检查完毕后，再将提出的巢脾和隔板重新放进蜂箱内适宜的位置即可。

对蜂群进行全面检查时，应重点了解蜂巢内饲料是否充足、蜂与脾的比例关系是否恰当、蜂王是否健在以及蜂王产卵情况和是否发生病害等情况。另外，在分蜂季节，还应注意检查巢脾上是否有自然王台出现。检查完毕后，可根据检查时发现的情况，及时地进行科学处理，使蜂群保持良好的发展和生产势头。

（三）养蜂记录

养蜂记录是总结经验教训、提高养蜂技术和制订工作计划的重要依据，同时也是蜂产品质量溯源体系建设的重要组成部分，因此坚持做好养蜂记录，意义十分重大。养蜂记录包括检查记录、生产记录、天气和蜜源记录、病敌害防治记录以及管理措施等。检查时，最好两人一组，一人边检查边报告检查情况，另一人将检查情况翔实记录在案。记录内容如下表所示（表9-1）：

表 9 - 1

检查者：

蜂群检查记录表

记录人：

检查日期	蜂群编号	蜂王是否健在	有无自然王台	是否发生病害	巢脾和巢础数/框						发现问题或工作事项
					子脾		蜜脾	粉脾	空脾	巢础框	
					卵、虫	蛹					

（四）开箱检查注意事项

1. 开箱检查时，检查者身上切勿带有葱、蒜、汗臭、香脂、香粉、化学药品等异味，不要穿戴黑色毛料制品的衣帽。如果已被蜂蜇，绝不能惊惶失措乱扑乱打，要强忍疼痛，放下巢脾，用小刀或手指甲刮去螫针，再用清水或肥皂水冲洗擦干。有过敏反应者，须立即送医院进行治疗。

2. 蜂群检查应选择气温在 14 ℃以上的晴暖无风天气。炎热酷暑天气或大流蜜期需在早、晚进行开箱检查。

3. 外界缺乏蜜粉源、盗蜂多的季节，应尽量少开箱检查。如果一定要检查，在揭开箱盖之前，要在蜂箱四周支起盗蜂防盗罩，或在揭开箱盖后，在框顶上覆盖一块防盗布（遮盖布）。若没有这些设备，则应趁早、晚蜜蜂没有外出时开箱检查，操作时间越短越好。检查时，削下的赘脾、蜡屑等应及时收拾起来，巢脾上的蜜汁决不能落到地面上。如有蜜汁滴出，要立即用水冲洗干净或用土掩埋掉，千万不可引起蜜蜂混乱而发生盗蜂。

4. 开箱操作时，力求轻捷、准确、沉着、仔细，做到"一短（开箱时间短）、二直（提脾和放脾直上直下）、三防（防压死蜜蜂、防任意扑打蜜蜂、严防挡住巢门）、四轻（轻揭、轻盖、轻提、轻放）"。

5. 交尾群只能在早、晚进行检查。因为中午前后是处女王外出交尾的时间，如果此时开箱检查，容易使返巢的处女王错投他群而造成损失。交尾群中的处女王行动快捷，易于惊慌。开箱检查时，为了防止处女王受惊飞逃，更须做到轻、快、稳等要求。

6. 刚开始产卵的蜂王，常会在提脾时惊慌飞出。遇到这种情况，要立即放下巢脾停止检查，敞着蜂箱，人暂且离去，待蜂王返回后，再盖好箱盖。为了避免造成蜂王惊慌起飞，也可在检查时，将有蜂王的巢脾暂时搁置在空蜂箱中，用遮盖布覆盖，待检查完后再放回。

7. 夜晚开箱检查蜂群时，可将用来照明的电灯泡、灯管或手电筒等用红布罩起来（直接用红色灯泡更好），这样可以减轻蜜蜂乱窜乱爬现象；冬季寒冷天气，个别蜂群须开箱检查时，应提前 2 h 将蜂群搬进室内，待检查好以后，再及时将蜂群搬回原处。

总之，开箱检查会给蜂群的正常生产节奏和生活秩序造成一定的影响。因此，在养蜂生产管理过程中，应尽量减少开箱检查频次，不到万不得已，一般不要开箱检查。早春或晚秋季节，外界气温比较低而又缺乏蜜粉源，应尽量少开箱检查。

二、局部抽查

局部抽查就是打开蜂箱后，从蜂群中有选择性的取出1~2个巢脾，从局部现象去分析判断蜂群内部情况。其优点为工作量小、劳动强度轻，检查时间短，对蜂群的影响比较小。局部抽查时，要根据抽查的目的以及需要解决的问题，来确定需要提取哪几框巢脾进行查看，以便对需要了解的问题作出科学的判断。提脾及检查方法与全面检查相同。

（一）查看巢内储蜜情况

打开蜂箱，能闻到蜂蜜的香味，边脾上有储蜜或隔板内侧第2~3框巢脾上角有部分封盖蜜，表明蜂巢内储蜜充足；开箱后，蜜蜂表现出不安或惊慌状态，提脾感到轻且有蜂掉落，表明蜂巢内严重缺蜜；蜂群无病情，子脾上出现"插花"现象，表明蜂巢内曾经缺过蜜；若有拖子现象，说明蜂巢内缺蜜严重，须马上补充饲料。

（二）查看蜂王是否存在

蜂王一般在蜂巢中央的巢脾上活动，所以检查蜂王情况时，应在蜂巢中央提取巢脾。如果在提出的巢脾上没有看到蜂王，但在巢房内可以看到卵或小幼虫，则说明蜂群的蜂王一定健在；倘若不见蜂王，又无各龄蜂子，且看到有的工蜂在巢脾或框顶上惊慌振翅，则意味着蜂群失王；若发现巢脾上的卵分布不整齐，一房多卵且东倒西歪，则说明蜂群失王已久，工蜂已经开始产卵；如果蜂王与一房多卵现象并存，则说明蜂王已经衰老或存在生理缺陷。在特殊情况下，因巢脾过少蜂王无处产卵或群势过弱时，少数巢房也会出现一房双卵的现象，这与蜂王质量的优劣并无关系。若巢脾下边角有少量规则整齐的王台出现，则说明蜂王质量欠佳或即将发生自然分蜂；若王台过多且位置多变，则说明蜂王突然死亡，工蜂紧急改造工蜂房中3日龄内的幼虫，培育急造蜂王。

（三）查看幼虫发育状况

检查幼虫发育状况时，首先要查看蜂群对幼虫的哺育情况，其次要查看蜂群内有无幼虫病。要查明这些情况，应从蜂巢偏中部位提取1~2框巢脾进行观察。如果幼虫显得滋润、丰满、鲜亮、封盖子脾整齐，则表明幼虫发育正常；若幼虫显得干瘪，甚至变色、变形或出现异臭，整个子脾上的卵、虫、封盖子十分混杂，则表明幼虫发育不良或患有幼虫病。

（四）查看蜂脾是否相称

揭开覆布时，如发现覆布下和隔板外挤满蜜蜂，则说明蜂多于脾，应及时加脾；如巢脾上蜜蜂稀少，边脾外侧几乎无蜜蜂，则说明脾多于蜜蜂，应适当紧脾；高温季节，虽然隔板外挤满蜜蜂，而巢脾上的蜜蜂却很少，而且巢门口有蜜蜂聚集，则说明蜂巢内温度过高，属蜜蜂离巢纳凉的表现。

三、箱外观察

在日常管理中，开箱检查是必要的，但是在外界条件不适宜开箱的情况下，养蜂者只能通过箱外观察蜜蜂的某些行为表现，来推测蜂群内部的大致情况。当然，箱外观察对养蜂初学者来说可能有一定的难度，需要经过长期的经验积累以提高判断的准确性。刚开始时，可在箱外观察后，再开箱检查，看看箱外观察的判断与开箱检查的实际情况是否一致。如果不一致则找出箱外观察判断失误的原因，争取下次不再出现类似的失误。通过不断地认真总结，积累经验，箱外观察判断的准确率才会不断得到提升。

（一）判断群势强弱

蜜蜂出巢活动时，若某蜂群巢门口显得十分拥挤，蜜蜂出入频繁，则表明该蜂群群势较强，蜜蜂数量较多，应加脾扩巢或扩大巢门；若某蜂群巢门口蜜蜂稀疏，出入的蜜蜂较其他蜂群明显减少，则可以推测该蜂群群势较弱，蜜蜂数量较少。

（二）判断酿蜜情况

早晨，某蜂群巢门口有湿水珠现象，则可以推测该蜂群酿蜜积极，丰收在望。反之，则较差。

（三）判断有否失王

外界蜜粉源比较丰富的晴暖天气，如某蜂群工蜂出入频繁，返巢的采集蜂携带大量花粉，则表明该蜂群的蜂王健康，产卵正常；如工蜂采集懈怠，并聚集在巢门口振动翅膀或来回焦躁的爬行，慌乱不安，则表明该蜂群失王。

（四）判断储蜜情况

用手提起蜂箱，如感到沉重，则表明该蜂群储蜜充足；阴冷或不利于活动的时节，多数蜂群停止活动，只有个别蜂群仍忙乱地出巢活动，或在箱底及周围无力爬行，巢门口有工蜂驱赶雄蜂或拖子现象，则表明该群蜂内严重缺蜜。

（五）判断发生分蜂热

外界蜜粉源比较丰富的晴暖天气，大部分蜂群出勤正常，而个别蜂群的工蜂消极怠工，出勤蜂明显减少，巢门口挂有"蜂胡子"，则表明该蜂群即将发生自然分蜂。

（六）判断发生盗蜂

当外界蜜粉源稀少时，某蜂箱周围有蜜蜂绕飞并寻机侵入，巢门前有工蜂撕咬，工蜂出巢门速度加快且腹部膨大，则表明该群蜂已发生盗蜂。

（七）判断发生围王

某蜂群内有阵阵轰鸣声，巢门口有蜜蜂惊慌不安，并发出尖叫声，不时有工蜂将伤、残、死蜂拖出巢门，则表明该蜂群中蜂王被工蜂所围杀。

（八）判断巢温过热

某蜂群巢门比较拥挤，很多蜜蜂趴伏在巢门口，部分工蜂有秩序地振翅扇风，则表明蜂巢内温度过高，通风不畅。

（九）判断巢内缺水

早春气温较低，工蜂飞出巢外采水，或在箱底及巢门前出现蜜蜂拖出结晶粒，则表明蜂巢内过于干燥，蜜蜂口渴，或蜂王已开始产卵，哺育蜂饲喂幼虫导致缺水。

（十）判断敌害入侵

冬季或早春，某蜂群巢门口蜜蜂混乱，并有残片蜡渣和无头、少胸的死蜂出现，巢门里散发出难闻的臭味，并能看到蜂箱上有咬洞，则表明老鼠或其他敌害侵入蜂箱内。

（十一）判断胡蜂侵害

夏、秋季节，某蜂群巢门口守卫蜂增多，惊觉地来回飞动，情绪兴奋，并有大量被咬死或伤残的青、壮年蜂，有的无头，有的残翅或断足，则表明该蜂群遭到胡蜂的袭击。

（十二）判断农药中毒

蜂群巢门前突然出现大量死蜂，并且可见部分尚未进巢的采集蜂在巢门前折腾翻滚，不久死亡。死蜂翅膀展开，吻长伸，腹部弯曲，有的还带有花粉团，则可以推测该蜂场附近的蜜粉源植物施过农药，引起采集蜂中毒。

四、预防蜂蜇

1. 在蜂场周围设置障碍物（例如栅栏等），并在蜂场入口处或一些显要位置设立警示牌，防止外来人员或其他牲畜进入，以避免事故发生，招惹一些不必要的麻烦。

2. 平时检查蜂群时，操作人员一定要戴好蜂帽和防护手套，并将袖口、裤口扎紧，防止蜜蜂侵入身体。

3. 检查蜂群时，操作人员应穿白色或浅色衣服，身上不要带有异味或吃有刺激性的东西。检查者切勿站在巢门前阻挡蜜蜂出入通道。检查动作要轻、稳，绝不能随意压死蜜蜂。

4. 开箱检查时，对于性情比较暴躁的蜂群，应向框梁上喷水雾或喷烟雾，待蜜蜂被驯服安静后，再进行检查。

5. 检查蜂群时，应选择晴暖舒适的天气进行。

6. 平时准备一些急救药物，一旦被蜂蜇出现中毒症状或过敏的紧急情况时，应立即口服氯苯那敏或注射肾上腺素进行救治。

第六节　巢脾的修造

中蜂喜咬旧脾，爱造新脾，特别是在冬季、初春或度夏时期，中蜂咬毁黑旧巢脾的现象尤为严重。因此，在日常生产管理过程中，养蜂者常利用中蜂的这个生物学特性，把巢脾中下方黑旧部分切掉，让蜂群重新修造。

一、造脾最佳时间

在主要蜜源植物开花期，当采集蜂携带大量粉蜜涌进蜂巢，巢脾上出现粉圈，巢框上梁表面出现发白的蜡瘤、赘蜡，蜜蜂开始在巢脾下方添造新巢房时，这就是加础造脾的最佳时期。通常以晴天 11：00—14：00加入巢础为佳。

二、造脾前的准备

主要蜜源植物开花流蜜前 2～3 天，把无子或少子的陈旧巢脾抽出，使蜂群内蜜蜂密集，再对造脾蜂群实施奖励饲喂，促使蜜蜂泌蜡造脾。

三、加础造脾方式

（一）加础造脾

当蜂群中大量进粉、进蜜，巢内子脾正常、蜂脾相称，且蜜蜂数量达到 5 框以上时，可直接把巢础加到蜂巢中央，并酌情进行奖励饲喂，3～5 天即可造成。

（二）调整造脾

当蜂巢内有不满框巢脾时，应密集群势，提供充足饲料，促使蜜蜂将巢脾修造至满框。另外，还可以将未满框巢脾与其他蜂群中的满框巢脾对调，促进蜜蜂将全场未满框巢脾全部造成满框巢脾（图 9-5）。调整造脾优点：一是可充分利用蜂巢空间，增加巢房面积；二是可防止蜂群出现分蜂热时，工蜂在原有巢脾的空白处补造雄蜂房；三是可避免因原有巢脾短小，加础后产生分隔蜂团的不良现象。

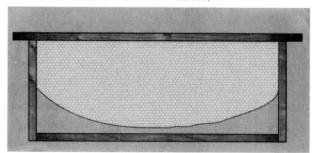

图 9-5　未满框巢脾

（三）接力造脾

将巢础框直接插到那些群势强大、造脾积极性高、造脾速度快、造脾整齐的蜂群中，让这些善于造脾的蜂群连续不断地造脾。待每框巢脾造成 7～8 成时，再调给造脾不积极的其他蜂群续造完成。

（四）突击造脾

在主要蜜源植物的流蜜期，于傍晚时分，选择若干群势强大的蜂群作为突击造脾群。在各突击造脾群中每群留下 1～2 框带蜜的卵虫脾，将其余巢脾（不带蜂）抽调给其他蜂群，然后一次性加入数个巢础框，并进行奖励饲喂，可以突击筑造一批新脾。

（五）割旧脾造脾

利用中蜂喜爱新脾、厌恶旧脾的习性，用割蜜刀切除旧脾的下半部分，放在烈日下曝晒数十分钟，或用气喷枪轻微喷烧，使旧脾稍融后发出香味，再插入到蜂群中续造（图9-6）。割旧脾造脾优点：造脾速度快，巢脾整齐划一，不浪费资源。

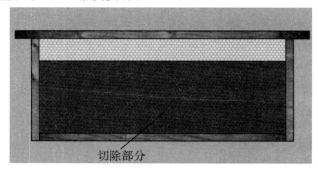

切除部分

图9-6　割旧脾造脾

（六）始工条造脾

当蜂场内巢础短缺时，可以采用宽度为30～50 mm的巢础条镶嵌在巢础框上梁腹面，让工蜂造成整框巢脾（图9-7）。

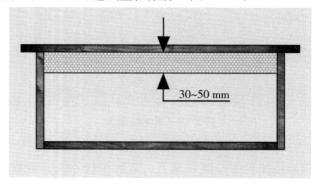

30~50 mm

图9-7　始工条造脾

四、加础造脾位置

蜂群中加入巢础框的位置应视蜂巢内部情况而定。一般情况下，在休闲蜂比较集中地方即为加入巢础框的最适宜位置（图9-8）。当蜂巢内蜜脾较多时，巢础框宜加在两个蜜脾之间；当蜂巢内蜜脾少、子脾较多时，巢础框宜加在子脾的外侧（一般以右侧为宜），不宜加在两个子脾之间，以免破坏中蜂的正常子圈，对蜂群繁殖不利。

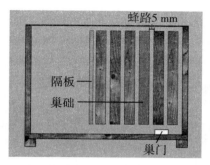

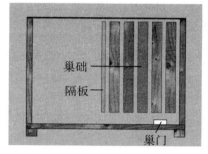
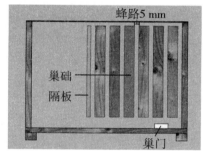

图 9-8　巢础插入位置

五、造脾注意事项

1. 一般情况下，每个蜂群每次只能加入 1 个巢础框，第 2 个巢础框应在第 1 个巢础框基本造好后再加入进去。

2. 造脾时，巢础框两侧蜂路缩小至 5 mm，待巢脾基本造好后，再恢复原蜂路。

3. 非流蜜期造脾，每晚要对造脾蜂群进行奖励饲喂。

4. 对造脾偏向的巢脾或巢础框要适当调转方向，让蜜蜂将少造的一侧补齐（图 9-9）。

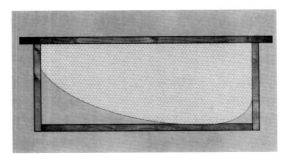

图9-9　造脾偏向的巢脾

5. 低温季节，不宜采用直接加巢础框的方式造脾，以免影响蜂群的正常生活。

第七节　蜂群的合并

在养蜂生产管理中，养蜂者经常会将两个弱小蜂群合并到一个蜂箱中，使之变成一个强大蜂群，我们将这个合并过程称为蜂群的合并。在养蜂生产上，不但要对弱群进行合并，当某些群蜂的蜂王突然丢失而又无法补充新王或成熟王台时，也必须将其并入到其他蜂群中去。早春合并弱群，能够加快蜂群繁殖；晚秋合并弱群，有利于蜂群安全越冬；大流蜜期前合并弱群，能够实现高产、稳产，预防发生盗蜂危害。

一、蜂群合并障碍

蜂群中的气味通常由群体气味、粉蜜气味、蜂箱气味和子脾气味综合组成。不同蜂群的气味各不相同，蜜蜂能够通过其灵敏的嗅觉器官进行辨别，以防止他群蜜蜂个体窜入本群。不同蜂群的这种气味，只有在外界缺乏蜜源或具有多种零星蜜源供蜜蜂采集时才能表现出来。主要蜜源植物的开花流蜜期，当各蜂群因采集到同一种主要蜜源植物的花蜜时，蜂群中这种独特的气味会随之而消失，不同蜂群中的蜜蜂可以自由来往，随意出入。因此，缺蜜季节，蜜蜂警觉性高，蜂群合并不易成功；主要蜜源植物的流蜜期，蜜蜂警觉性低，蜂群合并成功率高。另外，蜜蜂白天警觉性高，夜间警觉性低，从而导致蜂群合并白天成功率低，夜间成功率高。

二、蜂群合并原则

1. 弱群并入强群。
2. 无王群并入有王群。
3. 老王群并入新王群。
4. 劣质王群并入优质王群。
5. 病群不得并入健康群。

三、蜂群合并时间

1. 选择夜间合并。夜间蜜蜂警觉性低，无盗蜂骚扰，蜂群合并成功率高。
2. 选择流蜜期合并。主要蜜源植物流蜜期，花蜜味为蜂群内主导气味，各蜂群气味相似。此时，由于蜜蜂忙于采蜜酿蜜，无盗蜂现象，蜜蜂警觉性低，蜂群合并成功率高。

四、蜂群合并准备

1. 蜂群合并之前，如果两个蜂群相距不远，可每天将蜂群彼此相向逐渐靠拢，前后移动不超过 0.5 m，左右移动不超过 0.3 m，直到两箱完全靠拢为止；如果两个蜂群距离很远，可将它们运输到 5 km 以外后放在一起，巢门朝向相同，待蜜蜂熟悉新环境后再合并。蜂群合并成功后，先在此地饲养一个月左右，再搬回原址。
2. 蜂群合并之前，应彻底检查、毁弃无王群中的改造王台。
3. 工蜂已开始产卵的失王蜂群，应在蜂群合并之前，从他群中抽调 1～2 框小幼虫脾进行补充，待减少蜜蜂的抵触情绪后再进行合并。
4. 从蜂群合并前 2～3 天开始，用同一种蜂蜜或糖浆对两个待合并蜂群进行奖励饲喂，以减少两个蜂群的差异性。
5. 如果两个待合并的蜂群均有蜂王存在，应在合并前 1～2 天剔除其中质量较差的蜂王，保留品质较好的蜂王，有利于合并成功。

五、蜂群合并方法

(一) 直接合并

当外界蜜粉源丰富时，可采用直接合并的方法进行合并（图 9-10）。操作方法：傍晚时分，将被合并的蜂群连脾带蜂一起调整到合并群蜂箱内，放置在蜂箱内另一侧。两个群蜂的巢脾间保持约一框巢脾宽度的距离或用一个隔板隔开。第二天早晨查看，如果蜂群恢复正常生活，外出采集积极，则合并成功。如果蜂箱内动静大而蜜蜂无心采集，则可采用间接合并法再次进行合并。直接合并方法简单，但外界缺蜜时不宜使用。

为了提高直接合并的成功率，在合并蜂群时，还需采取一些必要的辅助措施进行处理：一是用喷雾器向合并的蜂群内喷洒稀薄的蜜水；二是合并前在箱底和框梁滴上 2～3 滴香水或数十滴白酒、煤油等；三是用喷烟器向参与合并的蜂群喷烟。

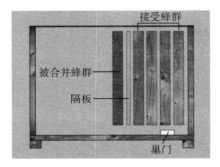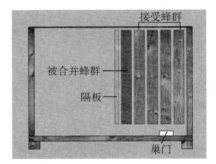

图 9-10　直接合并蜂群

（二）间接合并

间接合并可以采用报纸间隔合并和铁纱间隔合并两种方法。该方法适用于非流蜜期以及失王过久、巢内老蜂多而子脾少的蜂群合并。间接合并成功率高，不受外界蜜源条件限制，但操作较为复杂。具体操作方法如下：

1. 报纸间隔合并。将被合并的蜂群连脾带蜂一起调整到合并蜂群的蜂箱内，放置在蜂箱内另一侧，两个群蜂的巢脾间用报纸隔开，使被合并蜂群和合并蜂群的蜜蜂起初不接触，但气味相通。待蜜蜂咬穿报纸时，两个蜂群的群体气味已混合，蜜蜂自行穿过报纸互相进入他群，两个群蜂即可合二为一（图 9-11）。

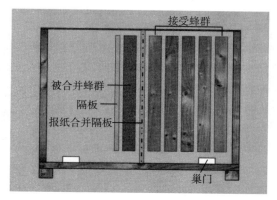

图 9-11 报纸间隔合并蜂群

2. 铁纱间隔合并。将被合并的蜂群连脾带蜂一起调整到合并蜂群的蜂箱内，放置在蜂箱内另一侧，两个群蜂的巢脾间用铁纱隔开，使被合并蜂群和合并蜂群的蜜蜂起初不接触，但气味相通。待两个蜂群的群体气味混合后，撤下铁纱，两个群蜂即可合二为一（图 9-12）。

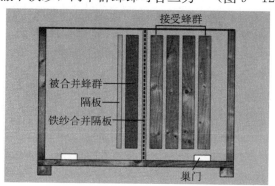

图 9-12 铁纱间隔合并蜂群

3. 专用蜂箱合并。傍晚时，将被合并的蜂群连脾带蜂一起调整到合并蜂群的蜂箱内，放置在蜂箱内另一侧，两个群蜂的巢脾间用蜂群合并隔板（隔板中央部分用不锈钢丝网、纱网等材料制成，且网眼明显小于蜜蜂个体）隔开，巢框上用纱网副盖覆盖，并用3～5颗图钉将纱网副盖固定在蜂群合并隔板上方，使被合并蜂群与合并蜂群的蜜蜂不直接接触，但气味相通。待两个蜂群的群体气味混合后，撤下蜂群合并隔板和纱网副盖，两个群蜂即可合二为一（图 9-13、图 9-14）。

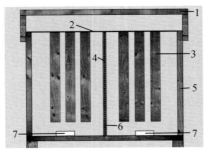
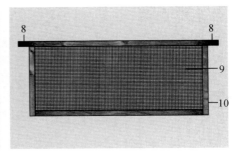

1. 蜂箱盖；2. 纱网副盖；3. 巢脾框；4. 蜂群合并隔板；5. 巢箱体；6. 蜂群合并隔板卡槽；7. 巢门；8. 蜂群合并隔板挂耳；9. 蜂群合并隔板的窗纱部分；10. 蜂群合并隔板的木制部分。

图 9 – 13　蜂群合并专用蜂箱

图 9 – 14　蜂群合并专用蜂箱

六、合并注意事项

1. 缺蜜季节，要保证两个合并蜂群内都有饲料存在。

2. 合并蜂群常常会发生围王现象，为了保证蜂群合并时蜂王的安全，应先将留用蜂王暂时关入蜂王诱入器内保护起来，待蜂群合并成功后再释放。

3. 合并蜂群时，应选择在晚上进行。因为晚上外出采集的蜜蜂已全部返巢，此时合并蜂群不会有盗蜂的侵扰。

4. 当需要合并的两个蜂群均为有王群时，在合并前 1~2 天，应先去掉一个品质较差的蜂王，然后进行合并；当需要合并的两个蜂群，一个为有王群，另一个为无王群时，应在合并前半天左右的时间，先将无王群彻底仔细地检查一次，在保证无王群中没有自然王台存在的情况下，才能合并到有王群中。

5. 合并蜂群以将两个相邻蜂群合并在一起为最佳。如果需要合并的两个蜂群相距较远时，在蜂群合并之前，应先将两个蜂群逐渐移近靠拢，再进行合并。

6. 对失王已久且巢内老蜂多而子脾少的蜂群，在蜂群被合并之前，应先从其他蜂群中提取 1～2 框未封盖子脾补充给该蜂群，然后再进行合并。

7. 用蜂群合并隔板和纱网副盖间接合并蜂群时，必须使用开设两个巢门的专用合并蜂箱进行合并。

第八节　人工分群

在养蜂生产中，养蜂者根据生产需要并结合蜂群内部情况和外界蜜粉源条件，有计划、有目的地从一个或几个蜂群中抽出部分蜜蜂、子脾和蜜脾，组成一个新分群，我们将这个组建新分群的过程称之为人工分群，又称人工分蜂。通过采取人工分群措施，既能实现增加蜂群数量、扩大生产能力，也可有效地控制分蜂热，预防蜂群发生自然分蜂。人工分群可采用单群平分、单群多分两种方法。

一、单群平分法

单群平分就是在主要蜜源植物开花流蜜期到来前 40～50 天，将一个群势较大的蜂群按等量的蜜蜂、子脾和蜜脾均分为两个蜂群，其中原群保留老蜂王，新分群应在 24 h 内诱入成熟王台或新产卵王。具体操作方法如下：

将原蜂群往一侧移动半个蜂箱的位置，在原蜂群另一侧放一个空蜂箱，再从原蜂群中抽出约一半的蜜蜂、子脾、蜜脾和粉脾，放置在空箱里，分别调整好各蜂箱内的巢脾。如果蜜蜂数量出现严重偏集时，应适当调整两个蜂箱的位置，将蜜蜂数量多的一箱向外移出一些，或将蜜蜂数量少的一箱向里靠一些，促使新分群与原群的蜜蜂数量不致相差太多，避免出现子多蜂少，蜂儿哺育不过来，或蜂多子少，造成哺育蜂过剩现象。

单群平分法的一个突出优点，就是原群和新分群中各日龄的蜜蜂组成结构相同，且蜂箱内的群体气味、粉蜜气味和子脾气味也一样，蜂群的正常生活和工作都能得到较好地维持，有利于蜂群群势的增长。当然，将原蜂群突然分成两个较小的蜂群，短时间里会给蜂群的生产造成一定的影响。因此，单群平分法只能在主要蜜源植物的开花流蜜期到来前45天左右适用。

二、单群多分法

单群多分就是把一个群势较大的蜂群分为2个以上较小的蜂群，其中原群保留老蜂王，各个新分群诱入新产卵王或成熟王台。具体操作方法如下：

从原蜂群中连脾带蜂各抽取一个子脾、一个虫脾和一个蜜粉脾（原群中子脾不足时，也可以从其他蜂群中提取），分别放置于离原群较远的蜂箱内，并缩小巢门，数小时后为每个新分群诱入一只优质新产卵王或一个成熟王台。对新分群要及时进行检查，如发现蜜蜂数量不足，可从原群中抽调适量幼蜂予以补充，避免新分群因蜂脾比例失调而导致保温不良等现象发生。如果离主要蜜源植物的开花流蜜期时间较长，可在其他蜂群中抽取封盖子脾补充给新分群，使之成为一个强大的生产群，也可发挥新分群的蜂王产卵能力，将卵脾调整给其他强群哺育，实行以弱补强。

三、新分群管理

新分群大都群势不强，其调节巢温、哺育幼虫、采集蜜粉和抗逆性等能力较差，管理上应重点注意以下事项：

1. 根据分群的目的、时间和新分群的群势等情况，制订出一个切合实际的管理及发展计划，按计划对蜂群实行管理。

2. 新分群的安放位置一旦确定，其位置和巢门方向不可随意移动和改变。

3. 保证新分群饲料充足。处女王交尾期不宜随意加喂饲料，必须加喂时，可从其他蜂群中抽调蜜脾补喂，切不可用饲喂器补喂蜂蜜或糖浆。

4. 对诱入成熟王台的新分群，巢门口应放置一特殊颜色或式样的标记物。标记物不能随便挪动，以免处女王交尾返巢时错投他群。

5. 新分群的抗逆性及抗寒保温能力相对较弱，应根据天气变化情况，适当采取遮阴或保温措施。

6. 缩小巢门，堵严蜂箱缝隙，严防盗蜂或胡蜂等其他敌害侵入新分群。

7. 交尾期间，处女王比较惊慌，不宜过多开箱检查。应根据箱外观察情况，了解和掌握处女王是否遭到围攻。

8. 出房15天以上仍不能成功交尾的处女王，可根据具体情况考虑是否将其取缔。经过诱入王台、交尾等过程，个别较弱的新分群会变得更弱，可适当从强群中抽调成熟子脾予以补充。

第九节　盗蜂的防止

一、盗蜂概念

盗蜂，就是在外界缺乏蜜源时进入其他蜂群中盗取蜂蜜的采集蜂。盗蜂一般发生在相邻的蜂群之间，由于管理不慎所导致。盗蜂所攻击的首要目标是防御能力较差的弱群、无王群、交尾群或发病群。

二、盗蜂危害

在养蜂生产管理中，一旦发现某蜂群发生盗蜂时，如果不及时采取措施加以制止，往往会引起所有蜂群出现互相乱盗的连锁反应。轻者将导致被盗群的储蜜盗窃一空，重者会造成工蜂大量死亡，蜂王遭遇工蜂的围杀，给养蜂生产造成不可估量的经济损失。

三、盗蜂识别

（一）如何识别盗蜂发生期

缺蜜季节，某一蜂群周围出现身体油亮发黑的老蜂围着蜂箱外打转，且蜂箱前有蜜蜂厮杀现象，并有不少腹部勾曲的死亡蜜蜂，则表明该蜂群已进入盗蜂发生期。

（二）如何识别作盗蜂、作盗群和被盗群

1. 作盗蜂。缺蜜季节，某一蜂群的巢门口工蜂进出繁忙，且进去的工蜂腹部小而灵活，出来的工蜂腹部膨大，这种工蜂被称之为"作盗蜂"。

2. 作盗群。先用面粉或滑石粉洒在作盗蜂的身体上，然后跟踪观察作盗蜂的去向，若发现作盗蜂飞入某一蜂箱内，则表明该蜂群为"作盗群"。

3. 被盗群。缺蜜季节，某一蜂群的巢门口工蜂进出繁忙，且进去的蜜

蜂腹部小而灵活，出来的蜜蜂腹部膨大，这个蜂群被称之为"被盗群"。

四、盗蜂制止

当养蜂场刚开始发生少量盗蜂时，应立即缩小被盗群的巢门，以加强被盗群的防御能力，使作盗群蜜蜂自由出入被盗群蜂巢受阻。也可以用草帘虚掩被盗群巢门，或在被盗群巢门附近涂苯酚、煤油等驱避剂，以迷惑盗蜂，使盗蜂找不到巢门。当以上方法制止无效时，可将作盗群的蜂王暂时取出囚禁起来，造成作盗群因失去蜂王而焦躁不安，从而消除盗性。另外，还可以将作盗群迁往他处，原址放置一个空蜂箱，箱内放几框空巢脾，以收集返巢的蜜蜂，由于蜂巢内部环境的改变，使作盗群的盗性消失。当全场多群出现盗蜂时，应将全场蜂群全部迁到直线距离 5 km 以外的地方。

五、盗蜂预防

1. 平常检查蜂群时，动作要快，时间要短；抽出的巢脾，应置于密闭的空蜂箱内，切勿暴露在蜂箱外；饲喂蜂群时，勿使糖浆洒落在箱外。

2. 在蜜源缺乏时，应适当缩小巢门，或使用圆孔巢门；堵严蜂箱缝隙，防止作盗蜂侵入；白天尽量少开箱检查。

3. 流蜜后期，蜂群内要留有足够的饲料。

4. 保持全场蜂群群势相近，群内蜜蜂密集，及时合并弱群和无王群。

5. 中蜂不能与西方蜜蜂同场地饲养。

第十节　工蜂产卵的处理

在养蜂生产中，蜂群因失去蜂王而群内又无可供培育成蜂王的工蜂小幼虫或卵时，失王蜂群中少数工蜂 3～5 天后卵巢就会发育，并在工蜂巢房中产下未受精卵。工蜂产下的卵，培育出的成蜂均为无用的小雄蜂，其个体较正常雄蜂小，不能与处女王交尾。工蜂产卵会对蜂群造成严重的影响，若不及时处理会直接导致整个蜂群报废。

一、工蜂产卵原因

(一) 高温季节关王

在高温季节，蜂王产卵力低下，活动量不大。此时关王会导致蜂群中蜂王信息素的分泌急剧减少，促使部分工蜂的卵巢发育，从而出现工蜂产卵现象。

（二）高温季节失王

工蜂对外界环境的变化极为敏感，当外界温度持续超过 35 ℃的时候，会刺激工蜂的卵巢发育。此时，如果蜂群中失去蜂王，工蜂产卵的概率会大大增加。

（三）高温季节育王

外界天气温度过高，直接影响到处女王交尾的成功率。在处女王交尾没有成功的情况下，养蜂者在巢房中发现有卵粒出现，实际上这是工蜂产下的卵，而并不是交尾王所产下的卵。

（四）蜂群中蜂王过老

随着老蜂王所分泌的蜂王信息素的日渐减少，其对于整个蜂群的管理能力会逐渐下降，促使蜂群中部分工蜂的卵巢开始发育，从而出现工蜂产卵现象。

（五）失王蜂群中工蜂营养过剩

在一个饲料充足而又失去蜂王的蜂群中，工蜂因不用哺育蜂王和幼虫而导致工蜂营养过剩，促使工蜂的卵巢发育，从而出现工蜂产卵现象。

二、工蜂产卵表现

（一）箱外观察表现

通过箱外观察，发现工蜂产卵蜂群比正常蜂群的工蜂出勤减少，返巢工蜂不携带花粉，幼蜂很少出巢试飞。出巢的工蜂比较瘦小，身体绒毛脱光，背部油黑发亮。

（二）开箱检查表现

通过开箱检查，发现在工蜂产卵时期，蜂群有以下几种表现情况：

1. 整个蜂群表现为涣散不安，出勤大减，工蜂体色开始变黑发亮，易被激怒，主动攻击靠近蜂群的人畜。

2. 工蜂停止造脾，巢脾上储蜜比较少，巢脾分量很轻，花粉几乎耗费殆尽。

3. 部分工蜂把整个腹部伸到巢房中开始产卵。工蜂产卵初期，一个巢房只产一粒卵，有些卵会产在王台基内，产下的卵不成片、无秩序，常有漏产的巢房或卵产不到巢房底部的中央等现象；工蜂产卵中期，会出现一个巢房中产下数粒卵，且产下的卵东倒西歪，十分混乱（图 9 -

15）；工蜂产卵后期，可以看到无论是工蜂房还是雄蜂房，全都封上了凸起的雄蜂房盖，甚至有小型雄蜂出房。

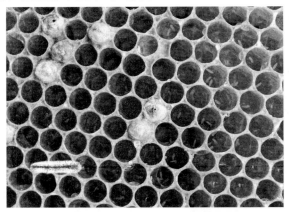

图 9 - 15　工蜂产卵表现

三、工蜂产卵几个阶段

（一）工蜂产卵初期

蜂群刚开始失王时，只有极少数工蜂开始产卵，哺育蜂能对蜂王所产下的工蜂幼虫和工蜂所产下的雄蜂幼虫同时进行正常哺育。在此期间，工蜂产卵情况并不十分严重，介入处女王或成熟王台，工蜂都比较容易接受。

（二）工蜂产卵中期

随着工蜂产卵情况的逐渐严重，整个蜂群已停止造脾和外出采集蜜粉等活动，工蜂大量消耗蜂巢中的储粉储蜜，并有大量的小雄蜂封盖子脾出现。在此期间，介绍王台或处女王，工蜂都很难接受。但介入一年左右的产卵王，工蜂勉强可以接受。

（三）工蜂产卵后期

随着大量小雄蜂出房，这种蜂群已经没有什么存在的价值，整个蜂群面临着报废的危险。在此期间，无论是介入王台或处女王，还是介入产卵王，工蜂都很难接受。因此，我们可以选择并入他群的方式进行处理。

四、工蜂产卵处理

（一）加强饲养管理

1. 检查蜂群时，一定要仔细检查蜂王是否存在。一旦发现蜂群失王，应及时介入一个新蜂王或王台。

2. 发现蜂群失王，应立刻停止对蜂群的饲喂，同时取出蜂群中的部分蜜粉脾。

3. 坚持淘汰老旧蜂王，多用新蜂王，最好能够一年换一次蜂王。

4. 高温时期，要做好蜂群的防暑遮阴工作，预防发生蜂病。

（二）对工蜂产卵群处理

工蜂产卵初期，应及时介入处女王或成熟王台；工蜂产卵中期，应介入一年左右的产卵王；工蜂产卵后期，可以选择并入他群的方式进行处理。

（三）对工蜂产卵脾处理

1. 当蜂巢中出现大面积卵虫脾或封盖子脾等不正常的巢脾时，应割掉巢脾中除蜜粉以外的部分，让工蜂无处产卵。

2. 对于这些不正常子脾，必须采取相应的措施进行处理。已封盖的子脾，要用割蜜刀切除封盖，然后用摇蜜机将幼虫或蛹摇出来；未封盖的卵虫脾，可以用糖浆灌泡后，放回蜂群内，让工蜂自行清理即可。

第十一节　蜂蜜的采收

从蜂巢中取出蜜脾，用摇蜜机将蜜脾中的储蜜分离出来的过程，称为蜂蜜的采收。一般情况下，当蜂巢内巢脾上已储满蜂蜜，且蜜房已全部封盖或大部分封盖时，即可采收。取蜜过早或过勤，蜂蜜没有完全成熟，分离出来的蜂蜜水分多、营养价值和酶值低、味道差，极易发酵变质，不能久存；取蜜不及时，工蜂采回的花蜜无处存放，影响工蜂采集的积极性，降低蜂蜜产量，还容易使蜂群产生分蜂热。因此，在养蜂生产中，养蜂者要按时采收符合质量标准的成熟蜂蜜。

一、取蜜前的准备

采收蜂蜜前，养蜂者应事先准备好一些取蜜的工具，并洗刷干净，例如摇蜜机、空蜂箱、空巢脾、喷烟器、蜂扫、割蜜刀、蜜盖盘、盛蜜桶、滤蜜器、脸盆以及湿毛巾等。

二、取蜜时间与原则

（一）取蜜时间

采收蜂蜜时间宜安排在晴好天气的早晨，此时蜜蜂尚未出巢，可以错开蜜蜂外出采集的高峰期，有效避免干扰蜂蜜的正常外出采蜜工作；夜晚，蜜蜂虽然已经采集归巢，蜂群也比较安定，但是却不适宜采收蜂蜜，因为在夜里脱蜂取蜜，蜜蜂容易失散，且在操作中很容易将蜜蜂压死，给蜂群造成一定的损伤。

（二）取蜜原则

主要蜜源植物开花流蜜盛期可以多取，流蜜后期尽量少取或不取；持续晴好天气可以多取，天气不稳定或阴雨、低温天气应少取或不取；蜂王所在的巢脾最好不取蜜；幼虫和刚封盖的子脾，不宜脱蜂取蜜。

三、取蜜操作流程

取蜜流程包括取脾、脱蜂、一次摇蜜、切割蜜盖、二次摇蜜、过滤和装桶等程序。

（一）取脾

选择大部分封盖或全封盖的全蜜脾或大半蜜脾取蜜。有小幼虫或刚封盖的子脾以及蜂王所在的巢脾，即使巢脾上面有储蜜可取，也不宜选择取蜜。

（二）脱蜂

提取蜜脾，将蜜蜂抖回原巢。抖蜂时，用双手拇指及食指紧握两个框耳，用腕力连续迅猛的上下抖动巢框，使附着在蜜脾上的蜜蜂掉落下箱，以实现蜂、脾分离。操作时，要求动作平稳，蜜脾在手中不能左右摆动，尽量减少工蜂的伤亡。若遇上性情凶暴的蜂群，可先用喷烟器向蜂群喷少量浓烟，待蜜蜂安定后，再戴上帆布手套提脾抖蜂。

（三）一次摇蜜

脱蜂后，将没有封盖的未成熟蜂蜜用摇蜜机分离出来，然后用过滤器滤去蜡屑、幼虫、死蜂等杂质，最后装入盛蜜桶内，并贴上"一次摇蜜"标签，储存于阴凉的库房之中。一次摇蜜因蜂蜜没有完全成熟，水分含量高、营养价值低，极易发酵变质，不可作为商品蜜出售给消费者，只能作为饲喂蜂群的饲料。

（四）切割蜜盖

经过第一次摇蜜之后，用割蜜刀割去蜜脾上已经封盖的蜜盖，确保蜂蜜能够从巢房中顺利流出。操作时，一只手握住蜜脾的一个框耳，蜜脾的另一个框耳搁置于蜜盖盘中的木架上；另一只手拿着割蜜刀紧贴框梁由下而上地拉割，即可平直地割下蜜盖。待割完蜜脾的两面蜜盖后，即可用摇蜜机将蜜脾上的储蜜分离出来。注意割蜜盖时，切忌从上向下切割，以免割下蜜盖时扯毁巢房。

（五）二次摇蜜

割完蜜盖之后，将两个蜜脾分别放进摇蜜机的两个框笼中，转动摇蜜机的摇柄，由慢到快，再由快到慢直至逐渐停止，切不可用力过猛或突然停转。当蜜脾一面的储蜜快摇出一半时，应将蜜脾换个面，待蜜脾另一面的储蜜摇净后，再换回蜜脾的原先那一面，然后将原来未摇完的那一半储蜜全部摇干净。这样，能有效防止蜜脾因轻重悬殊而发生蜜脾撕裂现象，特别是中蜂新造的巢脾，因为巢脾上的茧衣少，更需要小心匀速轻摇。摇完蜜的空脾最好放回到原蜂群中，不宜将一个蜂群的巢脾混放到另一个蜂群中去，以防传播疾病。

（六）过滤装桶

将二次分离出来的蜂蜜用滤蜜器滤去蜡屑、幼虫、死蜂等杂质，然后装入盛蜜桶内，贴上标签，注明蜜种、重量、浓度和采收日期等。蜂蜜装桶不可太满，特别是夏季高温季节，更不宜过满。装完蜂蜜的蜜桶必须密封。

（七）注意事项

1. 割下的蜜盖上还附着不少蜂蜜，待摇蜜结束后，可慢慢滤出。

2. 滤蜜后的蜜盖可加水溶解，然后滤去蜡盖，待溶解水冷却后，可以作为蜂群的奖励饲料。

3. 将蜡盖放入熔蜡器内，加水煮沸，冷却后，取出上层的蜂蜡收藏。

4. 切割蜜盖时，应小心细致地去完成，不要损伤蜜蜂。

5. 不要将蜂巢中的蜂蜜全部取完，要给蜂群留足饲料，以免蜂群挨饿。

6. 取蜜工作结束后，所有取蜜工具必须洗净、晾干，以便下次使用。

第十章 中蜂的四季管理

根据春、夏、秋、冬四个不同季节的气候变化情况，可将中蜂的饲养管理简单分为春季饲养管理、越夏期饲养管理、秋季饲养管理和越冬期饲养管理，简称为"中蜂的四季管理"。然而，不同季节的气候变化对蜜蜂的发育、生产、生存以及外界蜜粉源的供应和蜜蜂病敌害的消长带来很大的影响，中蜂为了适应这种不同季节的气候变化，常表现出一定的繁衍规律，即中蜂的恢复发展期、强盛期、衰退期及断子期等四个时期。根据中蜂的这种繁衍规律，养蜂者应适当采取一些相应的技术管理措施，使蜂群尽量处于当时最佳的发展状态和生产状态，从而获得较为理想的养蜂经济效益。

我国地域辽阔，各地气候变化差异很大。不同地区，同一种蜜源植物的开花流蜜期也不尽相同，从而决定了中蜂的这四个时期所处的时间也各不一样。因此，不能简单地将中蜂的这四个时期与春、夏、秋、冬四个季节一一对应。为了遵循气候周年变化的固有客观规律，在养蜂管理上，养蜂人习惯性地将中蜂的这四个时期的管理称之为"中蜂的四季管理"。

第一节 中蜂恢复发展期管理

我国各地冬季的气温差异很大，因而中蜂在不同地区所表现出的越冬状态也不一样。例如广东、广西、福建等南部沿海地区，冬季气温一般在 10 ℃以上，中蜂仍然可以外出采集一些零星蜜粉源，蜂群并没有停止繁殖；湖南、江西、贵州、云南、四川等中部和南部地区，冬季气温一般在 0 ℃～10 ℃，蜂群依然处于繁殖状态，此时若不控制蜂群的繁殖，必然会促使大量工蜂外出采集，造成大量工蜂冻死在野外，从而引起中蜂群势的下降；一些长江流域及秦岭以南的广大山区，冬季气温一般在 0 ℃～5 ℃，蜂群基本上处于停止繁殖状态。另外，秦岭及黄河以北地区，冬季气温大都在 0 ℃以下，蜂群完全处于冬蛰状态。因此，在寒冷的冬季，大多数地方的蜂群处于越冬状态，蜂王停止产卵，整个蜂群已停止一切哺育和采集活动，工蜂的年龄日渐衰老，部分工蜂因病、饿、冻而死亡，使得蜂群的群势下降得比较厉害，亟待恢复。中蜂越冬期过后，随着外界气温的逐渐回暖，蜂群由越冬时的停卵断子时期进入了恢复发展时期。在此期间，养蜂者应该采取一些合理及必要的管理措施，尽量满足蜂群对温度及食物的要求，为蜂群的新老交替创造最佳的巢内外环境，尽快培育出一批新的工蜂来替代越冬老龄蜂。具体管理措施如下：

一、全面检查

早春，选择晴朗天气的 10：00—15：00，对全场蜂群进行一次全面检查，了解所有蜂群中的蜜蜂数量、储粉蜜数量、蜂王产卵以及子脾数量等详细情况，并根据各蜂群的具体情况进行相应处理。例如，蜂群缺蜜时，要及时加入储备的蜜脾或进行补助饲喂；若蜜蜂已经饿晕而不能动弹时，可用温蜜水喷雾到蜂团上，等蜜蜂苏醒能活动后，再进行补助饲喂；失王群要合并到有王群中；群势太弱的蜂群就近与其他蜂群合并等。

二、清箱消毒

对蜂群进行全面检查的同时，可为全场的所有蜂群换上经消毒、晾干处理后的新蜂箱。换箱方法：先将蜂群搬离至原位的后方，在原蜂箱位置上放上已消毒、晾干的新蜂箱，保持巢门位置不变，再将原蜂箱内的所有巢脾连蜂带脾逐一取出查看，并将所检查的情况记录后放入新蜂箱内即可。换下的原蜂箱用 5%～10% 漂白粉溶液或 1%～3% 苛性钠溶液进行彻底清洗、消毒、晾干，以待分蜂期备用。清除掉蜂箱底板上的死蜂、蜡渣、蜡屑及所有污物，并进行集中烧毁或深埋处理。

三、加强保温

早春，南方大部分地区的气温维持在几度至十几度之间，而处于春繁状态的蜂群，一旦蜂王开始产卵以后，工蜂就会将子圈内的温度尽力维持在 35 ℃左右。由于外界气温与巢内子圈内的温差很大，工蜂为了保持子圈的恒温需要消耗大量的能量。因此，为了减少蜂群中的能量消耗，使蜂群尽快地恢复和发展起来，必须加强对蜂群的保温工作（图 10-1）。

具体措施如下：

1. 紧缩巢脾，密集群势。保持蜂巢内蜂脾相称或蜂多于脾的状态，促进蜂王产卵。

2. 春繁刚开始时，巢门的大小宜尽量缩小，以每次只能进出一只蜜蜂为宜，以后根据蜂群发展和气温回升情况，再逐步扩大巢门开放程度。

3. 尽量少开箱检查。由于蜂箱内外的温差很大，每次开箱都会丧失大量的热量。

4. 预防潮湿。蜂箱应放置在离地面 30～40 cm 高的桩基上，不宜直接放置在地面上。箱内保温物要经常翻晒或更新。

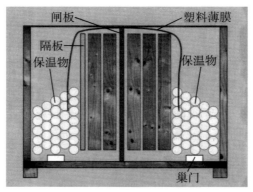

图 10 - 1　蜂群保温措施

四、奖励饲喂

早春，外界蜜源稀少，为了刺激蜂王产卵，提高工蜂哺育的积极性，必须对蜂群进行奖励饲喂（包括糖浆和花粉）。需要注意的是，奖励饲喂会使工蜂误以为外界有蜜源植物开花流蜜而兴奋地外出采集，不仅浪费体力，还有冻死野外的危险。因此，奖励饲喂应安排在傍晚天黑时进行。春繁刚开始时，蜂王的产卵量不大，蜂群所要消耗的饲料也不多，可以隔天喂一次，饲喂量以不造成蜜粉压脾为度；待蜂群内幼虫逐渐增多时，可每天喂一次，饲喂量以当天夜里能吃完为度；当外界有蜜粉进巢时，可酌情适当减少饲喂量。奖励饲喂时，应在糖浆中适量加入一些维生素或中草药等预防性保健药物，以提高蜂群的抗病能力。同时，蜂场内还应设立喂水器，为工蜂采集干净、清洁用水提供方便。

五、适时扩巢

蜂群经过 30～45 天的繁殖，已基本完成巢内的新老交替任务。随着外界气温的逐渐回升和蜜粉源植物的日益丰富，蜂王的产卵量逐渐恢复到正常水平，蜂群已达到一个快速增殖的状态。此时，蜂巢内的各巢房可能会被各龄幼虫、封盖子及新进的蜜粉所占据，蜂王的产卵空间被进一步地压缩。为了缓解巢房紧张的情况，应及时给蜂群加入新的巢脾，以供蜂王产卵及工蜂储存蜜粉之用。但是，此时因为蜂群的群势不是很强大，保温护脾能力有限，加脾时，必须保证蜂群中蜂多于脾或至少是蜂脾相称的状态。加脾前，先在巢脾上喷一点稀薄蜜水，再插入到蜂巢中隔板内侧。5 天后，打开蜂箱检查一下蜂王是否在新脾上产卵，如果已产卵，则可以将该巢脾调整到蜂巢的中央。否则，保持原位置不变。最后，在确认蜂脾相称的前提下，再加入另一张新脾，以供蜂王产卵。

加脾时，速度不能过快。加脾过多，子圈扩张太快，蜂群一旦遭遇寒潮袭击，外围的幼虫会因蜂群收缩护脾范围而受冻死亡，极大地影响了蜂群的复壮速度，甚至出现春衰现象。因此，加脾时，开始可以慢一点，待群势明显增强后，再提高加脾速度。

六、加础造脾

春季外界的蜜粉资源十分丰富，蜂群中有大量 13～18 日龄的新工蜂，此时可以充分利用外界蜜粉源和工蜂的泌蜡造脾能力筑造一批新巢脾。造脾时机宜选在春繁后第 40 天左右，当蜂群群势达到 6 框以上，巢框上梁有白色新蜡出现时进行；加脾时，可将巢础框直接加入到蜜粉脾与子脾之间；造脾时，巢础框两侧蜂路缩小至 5 mm，待新脾基本造好后再恢复原蜂路。一般情况下，每个蜂群每次只能加一个巢础框，第二个巢础框应在第一个巢础框基本造好后，再次加入。

七、培育新王

春繁后期，当蜂群处于快速增长状态时，要选择一些具有优良经济性状的蜂群作为种用蜂群，及时进行人工育王，为即将到来的人工分群和更换新王做好准备工作。春季更换新王，既可以保证蜂群维持较高的产卵力及强大的群势，又可预防蜂病和自然分蜂的发生。

第二节 中蜂强盛期管理

蜂群经过一段时间的繁殖之后，随着新蜂的不断出房，蜂巢内蜜蜂数量呈直线上升，当中蜂群势达到4～5框子脾时，常表现出很强的分蜂情绪。外界大流蜜即将来临时，一旦发生自然分蜂，蜂群的群势就会大幅度地下降，导致其生产能力也随之而降低。因此，为了使蜂蜜高产、稳产，必须解决好蜂群维持强群与控制和消除分蜂热、繁殖与生产的矛盾。

一、控制和消除分蜂热

（一）适时人工分群

主要蜜源植物开花流蜜期到来前45天左右，可采用单群平分或单群多分等方法，对即将发生分蜂热的蜂群实行人工分群，并将新分群和原群同时介入新王，两个蜂群经过45天的发展，都将成为群势很强的生产群。

若大流蜜期即将来临，蜂群因群势强盛而产生分蜂热时，可采用强群补助弱群的办法来解除强群的分蜂热，并使弱群尽快变成强群。具体操作方法：将强群中的封盖子脾抽调到弱群中，以尽快壮大弱群的群势；将弱群中的小幼虫脾抽调到强群中，以增加强群中工蜂的哺育工作量，消除其分蜂情绪。

（二）更换新王

一般情况下，新王的产卵能力要比老王强很多，更换新王以后的蜂群，随着蜂巢内小幼虫数量的逐渐增多，可使蜂群内的哺育工作量增加，休闲蜂大量减少，可以有效地控制和消除分蜂热。新王群培育幼子越多，其所消耗的饲料也就越多，可刺激工蜂的工作积极性，使蜂群的采集力和育虫力都能得到更好的发挥。另外，新王所产生的蜂王物质较老王更佳，可使蜂群保持较强的群势而不产生分蜂热。

（三）提早取蜜

大流蜜初期，如果蜂群内储蜜充足，应提早取出成熟的封盖蜜，尽可能地腾出一些空巢房供蜂王产卵或工蜂储存新蜜，以促进工蜂的采集积极性，使蜂群能维持正常的工作状态。如花粉脾较多时，可提出一些粉脾保存于仓库中，以备将来补喂花粉之用。只要蜂巢内不出现蜜粉压脾的情况，蜂群就不会产生分蜂热。

（四）筑造新脾

蜂群处于强盛时期，蜂群中存在很多13~18日龄的工蜂，能分泌产生大量的蜂蜡。因此，为了适当增加工蜂的工作量，应及时加入巢础框让蜂群筑造新脾，淘汰老脾劣脾，使蜂群所产生的新蜡能得到充分利用，有利于缓解分蜂热的产生。特别是在连绵阴雨天气，蜂群采集活动受到影响时，大量工蜂闲置在蜂巢内，极易产生分蜂热。

（五）定期检查

对于有分蜂热倾向的强群，应每隔5~7天检查一次，发现自然王台要及时毁除，可暂时缓解自然分蜂的发生。此后，再进一步采取上述多种措施，以解除或延缓分蜂热。

二、组织采蜜群

大蜜源流蜜期即将来临时，要对所有蜂群进行一次彻底检查，全面了解各蜂群的详细情况，人为地调整好各蜂群的群势，组织一批群势强大的生产群。实践证明：在蜜蜂总量相等的前提下，把全场的蜜蜂尽量集中到若干个蜂群中组成强大的生产群，可有效提高蜂蜜产量。但是，组织生产群必须在保证不分蜂的前提下，尽量增加蜂群内的工蜂数量，以获取蜂蜜生产的丰收。

组织生产群也可采取主副群搭配的方式，即将蜂场中的强群与弱群相互搭配，或将一个主群搭配若干个副群，强群为主群，担任生产任务，弱群为副群，担任繁殖任务。大蜜源流蜜期到来之前，可用主群的封盖子脾补助弱群发展群势，能有效地控制和消除主群的分蜂热；大蜜源流蜜期临近时，可将副群的封盖子脾抽到主群中以组成强大的生产群，并在大流蜜期间不断地将副群的封盖子脾抽调给主群，以补充主群的新生采集力量。与此同时，可以将主群的幼虫脾抽调给副群抚养，以减轻主群的哺育负担，让主群集中力量投入采集工作。此外，如果大流蜜的花期很短时，可用蜂王产卵控制器或囚王笼暂时限制蜂王的产卵量，使主群能将更多的力量集中到蜂蜜的采集和酿造工作中。

三、强盛期管理措施

（一）场地选择

采蜜群应放置在通风良好的树林、屋檐等遮阴物下，让午后的阳光不能直射到蜂箱上。如果没有现成的遮阴物体，可人工搭建棚架遮阴，或种上一些藤本植物爬上棚架为蜂群挡住炙热的阳光。

（二）注意通风

调宽蜂巢内的蜂路，使巢内空气的流通较为顺畅，有利于保持蜂巢中适宜的温湿度，更有利于蜂群的酿蜜作业及储存蜂蜜。根据群势和气温情况，适时扩大巢门，不仅有利于蜂巢的通风降温，也方便采集蜂出入巢门。

（三）繁殖与采蜜

主要蜜源植物大流蜜期间，蜂群在同一框巢脾上既要储蜜又要育虫，从而形成蜂群繁殖与储存蜂蜜的矛盾。为了解决好这个矛盾，可采取处女王采蜜的方法，即把采蜜群的蜂王提出，换入一个处女王或成熟的王台，人为地造成一段停卵期，以便蜂群集中采蜜。也可以采取主副群搭配的方式，用主群作为采集群，副群作为繁殖群，即将繁殖群中的成熟封盖子脾抽调给采集群维持群势，适当控制采集群中的卵虫数量，以便采集群集中精力采集蜂蜜。但是，中蜂在哺育幼虫时所表现出的采集积极性最高。因此，对换入处女王或成熟王台的采集群，可从其他繁殖群中抽调一框带低龄幼虫的卵虫脾调入其中，这样既保持了工蜂采集的积极性，又控制了巢脾上的卵虫面积。

（四）调整群势

大流蜜期接近尾声时，要相应地调整好蜂群的状态，使之与生产期的状态有所不同。大流蜜期结束之后，如果采集群继续保持流蜜期中那样的强大群势，会导致采集群因为外界蜜源少，大量的工蜂处于休闲状态，造成分蜂热的风险。此外，强群在外界蜜源较少时，一旦发生盗蜂，往往会成为作盗群，对其他蜂群是一种潜在的威胁。因此，大流蜜期结束以后，应将采集群中的封盖子脾抽调给繁殖群，繁殖群中卵虫脾调入采集群，以保持全场各蜂群的群势基本一致。

（五）留足饲料

大流蜜期之后，如果没有后续的蜜源接替，则要为蜂群留足饲料，以免蜂群挨饿，也有利于蜂群越夏及防止发生盗蜂。采收蜂蜜时，如发现蜜蜂情绪暴躁，围绕着摇蜜机打转，甚至不顾一切地冲到摇蜜机里面去，则表明外界蜜源植物开花泌蜜期限即将结束。因此，取蜜时，每个蜂群都应保留一些蜜脾不取，给蜂群留下足够自食饲料。采收蜂蜜后，还要对全场蜂群进行一次全面检查，对失王群或蜂王伤残的蜂群，要及时合并，同时介入新蜂王或成熟王台。另外，还应注意缩小巢门，防止盗蜂；抽出多余巢脾，做到蜂脾相称；注意做好病敌害的防治工作。

第三节　中蜂衰退期管理

中蜂衰退期通常是指中蜂的越夏期或越冬期。但是，由于我国经纬度跨度较大，各地的气候及蜜粉源情况不同，因而在不同地区中蜂进入衰退期的时间也不尽相同。南方仲夏以后，随着外界蜜源的逐渐减少，气温的持续上升，很多地区的中蜂因越夏困难，从而停止繁殖进入到衰退期。处于衰退期的蜂群，大部分蜂王的产卵量呈逐渐下降的趋势并最终停止产卵，蜜蜂数量也由生产期的高峰值逐渐减少并下降到较低的水平。但是，在北方地区，夏天也有不少主要蜜源开花流蜜，蜂群仍然处于繁殖状态，蜂群不存在越夏。南方的冬季，许多有蜜源的地区，蜂群仍然能继续繁殖和生产并保持较强的群势，而北方中蜂在越冬期已进入到衰退期。因此，中蜂衰退期的主要工作任务就是减少消耗，保持蜂群的实力。

一、越夏期管理措施

（一）小转地放蜂

南方某些地区，中蜂越夏困难的根本原因在于蜜源的缺乏，从而导致蜂王产卵减少，甚至完全停产，蜂群群势急剧下降。如果越夏期能将蜂群转运到有较好蜜源的地方，则中蜂就比较容易度过越夏期。因此，中蜂越夏期可选择具有立体气候的山区或附近有较好蜜源资源地方，通过小转地将蜂群在当地暂时饲养一段时间，不仅能使蜂群顺利越夏，还能采收一定数量的蜂蜜。

（二）留足饲料

不能转地的蜂场，在越夏期前，要给蜂群留下足够的越夏饲料。饲料不足的蜂群，一定要及时进行补助饲喂。

（三）严防敌害

中蜂越夏期间，胡蜂、巢虫、蟾蜍、蚂蚁等天敌较多，活动猖獗。因此，要经常巡视蜂场，随时扑杀入侵的胡蜂，消灭蚂蚁，定期清理蜂箱内的蜡渣、蜡屑，减少巢虫的危害。

（四）遮阴通风

越夏时期，天气炎热，应将蜂群放置在有自然遮阴物、通风良好、昼夜温差较小的地方。切忌将蜂群放置在阳光下曝晒。

（五）调节巢门

为了预防敌害及盗蜂的危害，要尽量缩小巢门。但是，如果发现工蜂在巢门前扇风剧烈时，则要适当扩大巢门，以便蜂箱内通风散热。

（六）保持安静

中蜂喜欢安静，怕吵闹、怕震动，应保持蜂场内的安静，少开箱检查，谨防发生盗蜂。

（七）人工喂水

酷暑时节，蜂群为了调节蜂巢内部的温湿度，需要消耗大量水分。因此，每天傍晚时分，可给每个蜂群加入一个水脾，水脾放置在隔板外侧。也可在蜂场中设置人工饲水器，方便蜜蜂就近采水。

（八）防止农药中毒

夏季，田间地头及周围环境农药使用频繁，应注意防止蜂群农药中毒。

二、培育越冬适龄蜂

中蜂度过越夏期后，随着一些秋、冬季蜜源的到来，蜂群会出现一个类似于早春恢复发展时期的群势增长期。此期应抓紧蜂群繁殖，扩大群势，为采收枇属、鸭脚木等冬季蜜源以及蜂群安全越冬打下一个良好的基础。在蜂群管理上，应注意培育越冬适龄蜂、更换老劣蜂王、备足越冬饲料、防止病虫害及预防盗蜂等事项。

（一）越冬适龄蜂概念

秋末培育出来的蜜蜂，虽然经历了排泄体内粪便的爽身飞行，但是尚未参与巢内哺育幼虫和巢外采集活动，我们将这些蜜蜂称之为越冬适龄蜂。这种蜜蜂既保持了强健的生理青春，又能忍受漫长越冬期的巢内生活。越冬适龄蜂越多，蜂群越冬就越安全。

（二）培育越冬适龄蜂时间

依据中蜂的发育历程推算，从蜂王产卵至成蜂羽化出房，发展成越冬适龄蜂至少需要 35 天。因此，在秋季最后一个蜜源期结束之前，应大力培育越冬适龄蜂。

（三）影响培育越冬适龄蜂因素

1. 蜜粉源因素。蜂群的繁殖节律受外界蜜粉源植物的制约，在外界环境没有大量蜜粉源的情况下，培育越冬适龄蜂比较困难。因此，一定要抓住秋季最后一个蜜源期结束之前，大力培育越冬适龄蜂。

2. 温度因素。蜂群繁殖最适气温在 15 ℃～25 ℃。晚秋时节，昼夜温差较大，晚上应适当加强保温，白天注意遮阴，使蜂群内的温度保持在一个相对稳定的范围。

3. 群势因素。一般群势比较强的蜂群所储存的饲料多，能为幼虫提供良好的食物、温度等条件，其培育的工蜂体质好、寿命长。因此，要尽量用强群繁殖越冬适龄蜂。

4. 蜂王因素。蜂王的产卵力也是影响秋繁的重要因素。因此，要尽量启用产卵量大的蜂王进行秋繁。如果蜜源和气温条件允许，可在秋季里培育出一批新王，对所有蜂群进行全年第二次换王。

（四）注意事项

秋季培育越冬适龄蜂类似于蜂群春季繁殖活动，养蜂人常称之为"秋繁"。培育越冬适龄蜂时，如发现蜜压子现象，应及时将子脾上的储蜜取出，以扩大产卵圈；外界蜜源快枯竭时，要对蜂群进行奖励饲喂，包括糖浆和花粉的饲喂，以促进蜂王产卵，提高蜂群哺育幼虫的积极性；晚秋时节，为了减轻蜂群调节巢内温度的负担，应抽掉多余的巢脾，保持蜂脾相称或蜂略多于脾。同时，对弱群进行合并。

三、留足越冬饲料

充足优质的饲料是蜂群安全越冬的重要保障。秋季最后一个蜜源期结束之前，当蜂巢内封盖蜜较多时，可抽出封盖蜜脾而插入空脾供蜂王产卵或供工蜂继续储蜜。抽出的封盖蜜脾可暂时用空蜂箱密封保存，待蜜源结束后，蜂群即将进入越冬时再放还给蜂群。如果蜂群的进蜜量较大，则可以适当收取一部分蜂蜜，以腾出巢房供蜂王产卵；如果外界蜜源流蜜不足，则不但不能收取蜂蜜，而且还必须在蜂群越冬之前对蜂群进行补助饲喂，让蜂群有足够的时间将补喂的糖浆酿造成熟。如果将未成熟蜂蜜作越冬饲料，蜜蜂食用后会在体内产生很多粪便，致使越冬蜂不堪忍受体内储存粪便的压力而使越冬蜂团解体，导致蜂群越冬失败。

秋季，如果蜂群采集了较多的甘露蜜，则应全部摇出，并及时补喂足够的糖浆代替。因为甘露蜜中含有大量糊精、矿物质和松三糖等，蜜蜂采食后消化困难，引起生理障碍，产生中毒现象。因此，甘露蜜不能作为蜂群的越冬饲料。

四、防止油茶花蜜中毒

秋、冬季节，南方大部分地方处于油茶花盛开时期，油茶花蜜中除含有微量的咖啡因和糖苷外，还含有大量的多糖成分。蜜蜂幼虫食用了油茶花蜜中的低聚糖，尤其是半乳糖，会引起消化不良，从而造成蜜蜂幼虫中毒死亡。因此，秋、冬季节要特别注意预防蜂群因采集油茶花蜜而引起蜜蜂幼虫中毒死亡的现象。

防治方法：油茶花期，每天傍晚应给蜂群饲喂含少量糖浆的解毒药物或酸性饲料等进行有效预防（具体饲喂方法及饲喂量详见第十一章第五节中蜂中毒及防治）。油茶花期结束以后，应及时取出油茶花蜜，补助饲喂其他优质蜂蜜或糖浆作为蜂群的越冬饲料，以保证蜂群有充足的食物度过越冬期。

第四节　中蜂断子期管理

冬季，北方地区的中蜂为了适应外界寒冷的天气环境，停止一切巢外采集活动和巢内哺育工作，在巢内聚集成团，处于冬蛰状态，这些地区蜂群的断子期实际上就是蜂群的越冬期。然而，南方地区，尤其是华南的亚热带地区，冬季气温一般在 10 ℃左右，并常有大宗蜜源开花流蜜。生活在这些地区的中蜂，不但没有停止巢外采集活动和巢内哺育工作，蜂群反而处于恢复发展期或强盛期。因此，南方地区蜂群的断子期常出现在炎热的夏季。本节所讲的中蜂断子期实际上就是指中蜂的越冬期。

一、越冬蜂群的表现

随着冬季来临，气温日渐下降，蜂王产卵减少并最终完全停产。当气温下降到 12 ℃左右时，蜜蜂会停止外出，减少活动，弱群开始结成越冬蜂团；当气温降到 7 ℃左右时，强群也开始结成越冬蜂团，如果气温继续下降，蜂团会随之缩紧缩小；当气温偶尔回升到 13 ℃左右时，冬团会解散，部分蜜蜂甚至可能出巢进行飞行活动。由此可见，在冬季寒冷的北方地区，冬团一旦结成，就几乎不会再解散，一直维持到来年的春季才会解散。而在冬季比较温暖的南方地区，蜂群的冬团会随着气候的变化时而结团时而解散。

二、越冬期管理措施

北方地区，中蜂越冬时间长达 5~6 个月，而南方地区，中蜂越冬时间一般为 1 个月左右，甚至没有越冬期。因此，在漫长寒冬的北方，应选择一个比较安静的越冬场所，备足优质越冬饲料，做好蜂箱内外的保温工作，以保证蜂群安全度过漫长的越冬期。冬季气候比较温暖的南方，越冬蜂群应缩小蜂王的产卵量，尽量减少蜂群内的哺育工作，以减少工蜂外出采集活动，适当进行蜂箱内的保温工作。

（一）保证强群越冬

蜂群在越冬期间，蜂王停止产卵，工蜂数量只减不增，如果越冬蜂群中蜜蜂数量过少，不能结成冬团并产热御寒，蜂群越冬就会失败。因此，强群越冬才会更安全。一般来说，南方地区至少要保持 4 框蜂的群势，北方地区至少要保持 6 框蜂的群势，蜂群越冬安全才有保障。如果群势达不到要求，可将弱群进行合并，以提高蜂群越冬的安全性。实践证明：秋季培育的越冬适龄蜂越多，蜜蜂死亡率越低，饲料消耗越少，来年春季蜂群恢复发展越快。

（二）选好越冬场地

南方地区一般蜂群选择室外越冬，而北方地区蜂群大都选择室内越冬。室外越冬应选择背风向阳，昼夜温差较小，小气候较稳定的地方，并要求越冬场地安静、干燥和卫生；室内越冬场所要求空气流通、温湿度稳定、黑暗和安静，并注意防鼠等。

1. 室外越冬。冬季南方地区的气温常在 0 ℃以上，养蜂场大多采用室外越冬的方式进行蜂群越冬。长江流域地区，12 月份的平均气温多在 10 ℃左右，晴天中午的气温可达到 13 ℃以上，中蜂会出巢进行采集活动，即使在最为寒冷的 1 月份，偶尔也会有蜜蜂在晴天中午时分出巢活动。因此，南方地区中蜂越冬时，一般不需要为蜂群提供过多的箱外保温措施，只需在蜂箱内隔板外侧适当填塞一些稻草和在巢框上梁加盖一块棉布或黑色帆布即可，以免误导蜜蜂在外界气温较低时作出错误地判断，造成蜜蜂飞出蜂巢而冻死在野外。

北方的冬季，气温常在 0 ℃以下，如果采用室外越冬，则不但要做好箱内保温措施，同时，还必须做好箱外保温措施。箱内保温应在蜂群即将进入越冬期时进行，而箱外包装应在开始结冰时进行，一般比箱内保温要迟 1~2 个月。

室外越冬蜂群，遇到雨水天气，既要防止蜂箱上面被淋湿，也要防止蜂箱下面被水浸入。

2. 室内越冬。冬季严寒的北方地区，如东北、新疆、内蒙古等地，常采用室内越冬的方式。要求蜂群越冬的房间符合黑暗、通风这两个基本条件。如果窗户过大，可用黑布或麻袋遮光，保持室内黑暗；房屋上方要有出气通道，朝北方向要有进气通道，能使蜂群时刻呼吸到新鲜空气。此外，室内要求清洁干燥，不能有农药、煤油等残留物或异味；要严防鼠害，堵死所有鼠洞，室内不得有食物残渣、剩物等。

（三）布置好蜂巢

将半蜜脾放置在蜂巢的中心，全蜜脾放置在蜂巢的两边。因为冬季蜂群结成冬团后，蜜蜂喜欢钻入蜂房中休眠，半蜜脾放在中央，其中的空房可钻入部分蜜蜂，且上面的储蜜被首先消耗掉，正好可腾出空房供蜜蜂钻入。待中央的储蜜消耗完后，冬团会慢慢向蜂巢内有储蜜的地方移动，一般是先向蜂箱前部，再向蜂箱后部移动。此外，蜂群越冬时，要保持脾略多于蜂，这样有利于冬团随气温的升降而伸缩。

（四）注意通风

蜂群越冬期间，要缩小巢门，但不能关闭巢门，更不能把蜂箱内填塞满保温物而使蜂箱内无法通风。特别是在湿度较大的地区，保持蜂箱内适当的空气流通，有利于排除蜂巢中的湿气。

（五）保持安静

蜂群越冬期间，要保持越冬场所安静、清洁，闲杂人员不得入内，更不能在蜂场附近出现噪声、震动等干扰。一般不能开箱检查，要了解蜂群的状况，可多做箱外观察或将耳朵贴在蜂箱上听箱。如果能听到蜂箱内轻微的响声，并用手指轻弹箱壁有较为强烈的反应，则说明蜂群正常；如果几乎听不到蜂箱内的动静，用手指轻弹箱壁反应慢而弱，则可能蜂群缺蜜，应立刻补充封盖蜜脾，以防越冬蜂群挨饿，影响蜂群越冬安全。

（六）注意遮阳

蜂群室外越冬，要做好巢门遮阳工作，以防阳光直射到巢门上而引起工蜂空飞，尤其是在冬季没有蜜源植物开花流蜜的地方。此时，蜜蜂过多的外出有害无益。

（七）严防鼠害

注意防止老鼠从巢门或破洞处钻入蜂箱中为害蜂群。因为蜂群越冬期间，蜜蜂对入侵之敌的抵御能力很弱。具体防止办法：可在巢门加装防鼠栅栏或将巢门高度缩小至 7 mm，修补蜂箱缝隙，使老鼠不能进入蜂箱。

第十一章　中蜂病敌害防治

第一节　中蜂病敌害种类

中蜂和自然界其他生物一样，在外界生物因素和非生物因素及天敌的影响下，很容易感染各种疾病，遭受各种敌害的侵袭，发生各类中毒现象。这些病害、敌害以及毒害的发生，会直接影响到蜜蜂个体的健康和群势的发展，从而降低蜂蜜产量，甚至会给整个养蜂场带来毁灭性的打击。引起中蜂病害的生物因素包括细菌、真菌、病菌、昆虫、寄生虫等；非生物因素包括气温的高低、空气湿度及外界蜜源条件等；中蜂敌害主要包括胡蜂、蜡螟、蚂蚁和蟾蜍等。

中蜂病害可分为传染性病害和非传染性病害两大类。根据病原的种类和侵染方式的不同，可将传染性病害分为侵染性病害和侵袭性病害两种。虽然这两种病害都具有很强的传染性，但是侵袭性病害的流行范围及传播速度远不及侵染性病害严重，对蜂群的危害性也较侵染性病害小。侵染性病害包括病毒病害、细菌病害、真菌病害和原生动物病害，例如，中蜂囊状幼虫病、欧洲幼虫腐臭病等；侵袭性病害主要指寄生虫病害，例如，蜂螨、蜂虱等。非传染性病害是指由非生物因素引起的蜜蜂病害，例如，幼虫冻伤病、死卵病、中毒病等。

第二节　中蜂病敌害预防

一、病敌害预防意义

中蜂是一种完全变态昆虫，其生长发育需经历卵、幼虫、蛹和成虫四个阶段。由于中蜂的各个发育阶段的持续时间比较短，从而导致无论哪个阶段患病，即使通过药物进行治疗，也会使蜂群或多或少遭受一些损失。特别是蜂群感染一些传染病以后，病情来势凶猛，传播速度很快，一般很难用药物治愈，给养蜂业造成极为惨重的损失。当然，蜂群发病以后，适当选择一些化学类药物进行治疗也很有必要，但是也不能一味地依赖化学类药物，因为过多地使用化学类药物，会使很多病原微生物对药物逐渐失去敏感性，造成给蜂群喂药后见不到治疗效果的局面。另外，随着用药量和用药频次的不断增加，不仅会造成蜂群中毒，还会导致蜂蜜中药物残留，从而影响蜂蜜质量安全和消费者的身体健康。因此，在养蜂生产中，加强蜂群的饲养管理，建立一个以"预防为主，综合防控"的病敌害综合防治措施至关重要。

二、病敌害预防措施

(一) 科学饲养管理

1. 加强饲养管理。平时注意蜂场卫生，及时清除一些杂草、垃圾等，防止老鼠、蟾蜍等敌害乘隙而入。早春、晚秋低温季节，应适当加强箱内保温，并紧缩蜂巢，保持蜂多于脾，以加强蜂群的保温护脾能力；夏季高温季节，应将蜂箱放在有树荫的地方，并在蜂箱上遮盖杉树皮或其他覆盖物等，尽量避免外界气温对蜂巢的影响。夏季，胡蜂、巢虫活动频繁，危害猖獗，要注意防止胡蜂、巢虫的侵害。平时少开箱检查，特别是越夏和越冬期，尽量不要开箱检查，只作箱外观察和贴耳听箱内动静，以此来判断蜂群是否正常。

2. 坚持饲养强群。蜂群群势越强，其繁殖力、生产力、抗逆性就越强。春繁时期，强群蜂多子旺，有利于子脾的保温和饲料的供给，有效避免蜜蜂幼虫和封盖子冻伤或营养不良现象；而弱群则不能。对一些病毒性和细菌性病害，发病初期，强群能及时地将发病虫体清理出巢房，使病原数量大幅度减少，有效地阻止了病害的进一步发生、传染和蔓延。另外，即使发病以后，强群通过药物治疗，其痊愈的速度也比弱群要快。因此，在养蜂生产中，常将一些弱群合并成一个强群，以提高其生产力和抗逆性。

3. 保证饲料充足。蜂群发病大都与蜂巢中饲料的短缺有关，在蜜粉源丰富的环境下，蜂群基本不会发病。因此，在养蜂生产中，应该寻找蜜粉源丰富的地方放蜂，要科学合理地取蜜。缺蜜缺粉时，一定要及时补喂。

4. 遵守卫生操作规程。对蜂场环境和蜂具要进行认真、严格地清洗、消毒。例如，在春暖花开的春季，要对养蜂场地面用生石灰粉进行一次彻底消毒处理。同时，要对所有越冬蜂群进行换箱处理，换下的蜂箱、隔板、闸板等蜂具用消毒水、高浓度盐水进行消毒清洗，晾干后以备下次分蜂时使用。另外，在没有确定蜂场是否发病之前，不能在蜂群间随意调换巢脾；新引进的蜂王或蜂群必须确保无病；尽量远离有病蜂场；不喂来历不明的饲料等；要有隔离意识，若碰到严重的传染性疾病流行，应拒绝养蜂场之间人员的互相来往。

5. 合理采收蜂蜜。采收蜂蜜时，应保证蜂王和蜂群的安全，有蜂王或幼虫较多的巢脾不取，以防损伤蜂王或冻伤子脾；取蜜时间应尽量安排在早晨，慎防盗蜂的发生；储蜜较少或流蜜期后期的蜂群不应采收蜂蜜，饲料不足的蜂群要在流蜜期结束前补充饲喂。花粉不足时，注意给蜂群补充蛋白质饲料。

（二）培育优良品种

优良抗病品种是中蜂稳产、高产的保证。在养蜂生产中，应选择那些繁殖能力强、抗病力强、抗逆性好和生产性能好的蜂群进行育种。常年坚持选育抗病蜂种，往往是最有效也最经济的病害防治措施。

（三）注意合理用药

1. 治疗原则。蜂群发病以后，应对养蜂场内所有蜂群进行检查，然后将发病蜂群和疑似发病蜂群转移到病原体不易传播和消毒处理比较方便的地方进行隔离治疗。同时，对发病蜂群用过的蜂具和蜂产品，未经消毒处理不得带回并使用于健康蜂群，以免交叉感染。对已经失去经济价值的发病蜂群，应就地进行焚烧或深埋处理。

2. 治疗药物。蜂群发病以后，首先要通过发病症状对病敌害做出准确的诊断，以确定病原或敌害的类型，然后对症下药。中草药具有扶正祛邪、抗击病毒和免疫调节的作用，常用于预防性治疗和病毒性病害的治疗；抗生素具有抑菌、杀菌作用，主要用于细菌性病害的预防和治疗；维生素类具有维持生物机体生理代谢，增强机体抗病力等作用，一般用于蜂群病害的预防和辅助治疗。治疗细菌性病害药物通常选择青霉素、链霉素、土霉素及四环素等抗生素；治疗病毒性病害药物可以选用抗病毒药物，例如，抗病毒类中草药糖浆等；治疗真菌性病害可以选用制霉菌素、灰黄霉素、两性霉素 B 等抗真菌类药物。

3. 注意事项

（1）用中草药喂蜂时，需将药汁过滤静置一段时间后，取澄清液加适量糖浆进行饲喂；用化学类药物治疗时，应选用容易溶解并无残渣的精制类型的药物。

（2）配制药物时，要准确掌握用药量，既不能过大，也不能过小。用药量过大容易造成蜂蜜污染，引起蜜蜂的不适应。用药量过小则治疗效果不佳，病原易产生耐药性。

（3）抗生素糖浆的有效时间很短，应现配现用。每次的饲喂量应以蜂群当天能吃完为宜。

（4）为了防止病原菌及巢虫、螨类等病敌害产生耐药性，不宜长期使用一种抗生素或杀巢虫及杀螨等药物，应选择两种以上的药物交替使用。

（5）流蜜期前 30 天及流蜜期，不得使用抗生素或其他可能造成蜂蜜污染的药物，以免产生抗生素污染或药物残留的风险。

第三节　中蜂常见病害及防治

一、中蜂囊状幼虫病

中蜂囊状幼虫病又名"囊雏病""尖头病""烂子病"，简称"中囊病"，是危害中蜂最主要的病毒性病害，具有传染力强、传播速度快、危害性大等特点。如不及时治疗，整个蜂群将会出现大幼虫或封盖幼虫致病，无法化蛹并大量死亡，导致蜂群断子、飞逃；严重时，造成全场毁灭，给中蜂养殖业带来巨大损失。1971 年，我国广东第一次发生了中蜂囊状幼虫病，病情严重并迅速蔓延至全国各地，在短短的 2～3 年时间里，全国中蜂损失上百万群。因此，中蜂囊状幼虫病成为当前中蜂养殖业中最主要的病害之一，严重地制约了我国中蜂养殖业的健康快速发展。

（一）病原

中蜂囊状幼虫病是由中蜂囊状幼虫病病毒所引起，这种病毒具有很强的传染力。一个患囊状幼虫病死亡的幼虫尸体内所含的病毒，可使 3000 个以上的健康幼虫染病。

（二）发病规律

1～2 日龄幼虫易感病，潜伏期 5～6 天，5～6 日龄幼虫大量死亡。该病的发生与季节、气候、蜜源、蜂种和群势关系极为密切。

1. 季节因素。一般情况下，每年只有一次发病高峰期，即春繁开始发病，3—4月进入发病高峰期；入夏以后，病害明显减轻并能自愈。南方秋末或初冬多雨年份（11—12月），外界环境类似早春，也可见发病幼虫，此期为第二次发病高峰期。南方多发生于3—4月和11—12月，北方多发生于5—6月。

2. 气候因素。外界气温较低而不稳定，昼夜温差较大，空气湿度大时，蜂群容易发病；反之，则不容易发病。

3. 蜜源因素。外界蜜粉源好或巢内储蜜充足时，蜂群不易发病；反之，则容易发病。这是因为蜂巢内幼虫的营养不足，其对病害的抵抗力下降。但是在流蜜期中，也有个别蜂场蜂群病情不但没有减轻，反而呈现出更加严重的现象。其主要原因为采收蜂蜜过于频繁，蜂群内蜜粉不足而造成幼虫缺食。

4. 蜂种因素。不同蜂种对该病的抵抗力各不相同。西方蜜蜂对该病的抵抗力比较强；而中蜂对该病的抵抗力则比较弱，很容易感染发病。另外，在同一种蜂种之间，不同蜂群的抵抗力也不尽相同。

5. 群势因素。群势强的蜂群，其抵抗力强，不易发病；而群势弱的蜂群，极易感染发病。因为群势强大的蜂群，其成年蜂与幼虫的比例较高，蜂群内哺育负担相对较轻，保温能力强，饲料较为充足，幼虫发育良好，工蜂清巢能力强，故不易发病；而群势比较弱的蜂群，其保温能力差，哺育任务重，幼虫营养不良，很容易发病。

（三）发病症状

通常为1～2日龄的幼虫感染囊状幼虫病病毒，潜伏期为5～6天。

发病初期，巢脾上常呈现卵、幼虫及封盖子排列不规则的现象，即"花子"症状。这是因为巢房中少部分感病幼虫被内勤工蜂清理出巢后，巢房内又被蜂王补产新卵。

当病害严重时，5～6日龄的大幼虫死亡，30%死于封盖前，70%死于封盖后，幼虫死亡的速度远远超过工蜂清除死亡幼虫的速度。巢房的封盖被工蜂咬开后，巢房内病虫虫体伸直，头部朝向巢房口，略向上弯曲，呈"尖头状"（图11-1），虫体体表完整，失去光泽，表皮内充满乳状透明液体。用镊子将病虫夹起，整个虫体像一个充满液体的小囊，故取名为"囊状幼虫病"（图11-2）。随后，病虫体色由珍珠白变成黄色，继而变成褐色至黑褐色。死亡幼虫不腐烂，无臭味。最后，随着虫体内水分的蒸发，虫体表皮因干枯而变硬，继而脱离巢房内壁，呈现"龙船状"。巢房盖下陷、穿孔。虫体完全干枯后，虫尸变成很脆的"鳞片"，没有黏性，无臭味，易清除，可研为粉末。

　　成年蜂被病毒感染以后，在外观上不表现出任何症状。但是，多数成年工蜂不采集花粉，甚至丧失采集能力，寿命缩短，对寒冷比较敏感，低温下比健康蜂群结团早。

图11-1　巢脾有"花子""尖头""穿孔"等症状　　　图11-2　虫体呈现出透明"囊状"

（四）传播途径

　　蜂群中感病的幼虫个体以及健康带毒的工蜂和被污染的饲料是该病的主要传染源；花蜜、花粉及巢脾等是重要的病毒载体；内勤蜂给幼虫饲喂带病毒的饲料，通过消化道感染是病毒侵入蜜蜂幼虫体内的主要途径。病毒的主要传播途径表现为以下几个方面：

　　1. 蜂群内部。携带病毒的工蜂在哺育群内幼虫时，将囊状幼虫病病毒传播给健康幼虫。

　　2. 蜂群之间。通过将有病蜂群的蜜脾、粉脾或子脾调到健康蜂群；将被发病蜂群污染的蜂具未经消毒处理用于健康蜂群；发病蜂群的工蜂错投到健康蜂群；发病蜂群的工蜂盗取健康蜂群的储蜜；健康蜂群的工蜂盗取发病蜂群的储蜜；将发病蜂群与健康蜂群合并；用被病毒污染的蜜蜂饲料饲喂蜂群等。

　　3. 蜂场之间。从发病蜂场引进带病毒的蜂种（种王或蜂群）；未发病蜂场的蜂群与发病蜂场的蜂群间发生盗蜂；用被病毒污染的蜜蜂饲料饲喂蜂群等。

　　4. 不同地区之间。转地放蜂时，通过蜜蜂采集活动，将病毒传染给健康蜂场；通过蜜蜂引种将病毒传染给健康蜂场；用被病毒污染的蜜蜂饲料饲喂蜂群等。

（五）诊断方法

　　早春蜂群繁殖期，发现有工蜂从蜂巢内拖出病死幼虫，并在巢门前能看到大量散落在地的幼虫尸体。进一步开箱检查，发现子脾有"花子"或巢房封盖有穿孔现象，巢房内幼虫头部呈现"尖头状"，表皮内充满乳状透明液体。用镊子将幼虫夹起，整个幼虫体呈明显的"囊袋状"等中蜂囊状幼虫病的典型症状，可初步诊断为中蜂囊状幼虫病。

（六）预防措施

1. 选育抗病品种。从发病蜂场中选择抗病能力强的蜂群培育蜂王，以替换发病群中的蜂王，提高蜂群的抗病能力。经过连续几代的选育，可使全场的蜂群对囊状幼虫病的抵抗力大大增强。

2. 加强饲养管理。饲养强群，对群势较弱的蜂群进行适当合并，提高蜂群的抗逆能力；密集群势，保持蜂巢内蜂多于脾或蜂脾相称，以增强蜂群的清巢能力；早春和晚秋，外界气温较低，昼夜温差大，应注意蜂群保温，减少开箱检查次数；当蜂群内饲料不足时，要及时补助饲喂，以保证蜂群正常生活需要。补充饲喂的饲料应以混合糖浆（30％蜂蜜和70％蔗糖）为宜，少用白糖直接饲喂；蜂群繁殖期间，为了增强蜂群的抗病害能力，在补喂饲料中应加入适量中草药和维生素等预防性药物，同时注意补喂蛋白质饲料。

3. 严格消毒。换箱时，蜂箱和蜂具可用3％氢氧化钠溶液或0.5％苯扎溴铵溶液或5％漂白粉溶液进行清洗、消毒，晾干后备用。蜂箱也可用高锰酸钾稀释液进行喷湿消毒处理，巢脾可用二氧化硫或甲醛溶液进行熏蒸消毒。对已发病的蜂群，将巢脾提出后，剔除病死幼虫后化蜡。如再需使用，一定要经过严格消毒处理。

（七）治疗措施

1. 患病群处理。对病情较轻的蜂群，可以将蜂王进行幽闭，也可以诱入一个处女王或成熟王台，让蜂王停止产卵，工蜂停止哺育，使蜂王和工蜂都能得到一段时间的休养与体力恢复，使蜂群内缺少病毒的寄主，切断传染的循环，减少传染源。同时，在断子期间，要对蜂箱和巢脾进行消毒处理。对病情严重的蜂群，除了采取上述措施外，还要加大紧缩巢脾，把有病虫的巢脾提出蜂箱外，集中烧毁或将病脾割除烧毁，蜂箱进行消毒或换箱处理。

2. 综合治疗。目前对中蜂囊状幼虫病的治疗尚无特别有效的药物，比较理想的治疗方法就是在进行药物治疗的同时，将蜂王进行幽闭，迫使其停止产卵，以减少病原重复感染机会。常用的方法有断子治疗法及换王治疗法。所谓断子治疗，就是在进行药物治疗的同时，将蜂王幽闭在巢脾上，迫使其停止产卵，使蜂群在一个育虫周期内（20 天左右）断子，以减少病原重复感染机会；所谓换王治疗，是指蜂群发病后，选用抗病力较强的蜂群所培育出来的处女王或成熟王台来更换、淘汰发病群蜂王，使发病群在新王出台、交尾期间群内无子，以此掐断病毒重复感染的路径。

药物治疗是综合治疗措施中不可缺少的一个环节。药物治疗包括化学类药物治疗和中草药治疗。化学类药物主要包括一些抗病毒药物及消毒药物；中草药处方种类繁多，不同的文献记载各不相同，凡具有清热解毒、镇静、镇痛作用的中草药对该病均有一定的疗效。

（1）西药配方：13％盐酸金刚烷胺片（粉）。用法用量：将 0.2 g 盐酸金刚烷胺片（或 2 g 粉剂）加入 1000 mL 糖浆中，充分拌匀，2 天饲喂 1 次，连喂 4～5 次；特效囊立克（主要成分为氟苯尼考粉）。用法用量：将 5 g 特效囊立克加入 2500 mL 糖浆中，充分拌匀，每群蜂饲喂 250 mL，3 天饲喂 1 次，连喂 5～6 次。

（2）中草药配方：

配方一：山乌龟 20 g，甘草 6 g，虎杖 6 g，多种维生素 5～10 片。

配方二：五加皮 30 g，桂枝 9 g，金银花 15 g，甘草 6 g。

配方三：华千斤藤（海南金不换）干块根 15～20 g，或半枝莲的干草 50 g。

配方四：板蓝根 50 g。

配方五：贯众 30 g，甘草 6 g，金银花 30 g。

上述配方，先将中草药用净水浸泡 30 min，后用大火煮沸，再用文火煎熬 5 min，滤出药液。再重复煎熬 1 次，将两次熬出的药液合在一起，按 1∶1 的比例加入糖浆（30％蜂蜜和 70％蔗糖）。每剂可喂 10～15 框蜂，隔日 1 次，连喂 4～5 次为一个疗程。停药几天后，再喂一个疗程，直至痊愈。以上中草药配方，既可用于保健性预防，也可用于患病后治疗。

配方六：南刺五加 100 g，虎杖 70 g，南天竹 50 g，树舌 20 g。

上述配方采用与前面配方相同的方法煎汁。早春或初秋，用于预防性用药时，每剂可饲喂 100 框蜂，连续喂 7 天；用于治疗性用药时，每剂可饲喂 50 框蜂，每晚 1 次，10 天为一个疗程。病情未愈，可连续用药三个疗程。直接用药汁喷脾比兑糖浆饲喂效果更好。

配方七：大青根 60 g，野葛根 25 g，金银花藤 15 g，树舌 28 g，啤酒（或醋）15 g，净水适量。

上述配方，首先将曝晒3～5天后的树舌粉碎，取等量的啤酒和净水混合后洒在树舌上拌匀，密封7～15天。其次，将经过密封后的树舌加3～8倍净水浸泡24～36 h，过滤取浸出液用。再次，将大青根、野葛根、金银花藤加入8～12倍净水浸泡2～2.5 h，用猛火烧开后改用文火煎12～15 min，冷却后，过滤取汁用；将过滤后的药渣再次加入8～12倍净水，用猛火烧开后改用文火煎12～15 min，冷却后，过滤取汁。最后，将两次药汁与树舌浸出液混匀备用。

注意事项：啤酒和净水混合后洒在树舌上拌匀，其状态应以手握成团、手松即散为最佳，然后密封。密封时间：夏季7～10天，冬春季12～15天。

饲喂方法：在蜂群繁殖期间，将制备的药液配合奖励饲料进行饲喂，糖浆与药液的比例为2∶1。饲喂方式：可将糖浆与药液混匀后盛于饲喂器内，放置在蜂箱内隔板外侧，让蜜蜂自由采食。也可将药液装在塑料袋中，用针尖在塑料袋上扎数个小孔，置入蜂箱内，供蜜蜂吮吸。其用量以蜜蜂能在24 h内吸完为度，隔日饲喂1次，连续用药4次。

二、欧洲幼虫腐臭病

欧洲幼虫腐臭病是一种蜜蜂幼虫细菌性传染病。目前，该病广泛发生于世界上几乎所有的养蜂国家。我国于20世纪50年代初在广东省首先发现，60年代初南方诸省相继出现病害，随后则蔓延至全国。该病害传播速度快、危害性极大，中蜂发病比西方蜜蜂严重得多，并常与中蜂囊状幼虫病混合发生，治愈难度较大。

（一）病原

包括多种细菌，主要是蜂房链球菌，还有许多次生菌，包括尤瑞狄斯杆菌、粪链球菌、蜂房芽孢杆菌等。这些次生菌能加速蜜蜂幼虫死亡，并使发病幼虫产生一种难闻的酸臭味。

（二）发病规律

欧洲幼虫腐臭病的发生有明显的季节性，发病高峰期常在低温季节或温度变化大的季节。我国南方地区，一年中常有两次发病高峰，一次为3月上旬至4月中旬，另一次为8月下旬至10月上旬，这两次发病高峰期基本与"春繁""秋繁"时间相重叠。蜂群繁殖初期，蜂群内幼虫数量少，哺育蜂多，幼虫营养充足、发育健康、抗病力强，即使蜂群内有少量发病幼虫出现，也会很快被内勤蜂清理掉；蜂群繁殖高峰期，幼虫数量激增，幼虫营养不良，发病现象日趋严重。

大流蜜期到来之后，蜂群内幼虫数量减少，幼虫营养充足，内勤蜂能及时发现和清理少量发病幼虫，病害有所缓解甚至能够自愈。但是，随着秋季的到来，昼夜温差加大，蜂群开始"秋繁"期间，新一轮病害即将发生。一般情况下，当外界气温较低而蜂群保温情况不好时，病害易发生，尤其弱小蜂群易发病。此外，在外界缺乏蜜源以及幼虫营养不良的条件下，蜂群容易发病。

（三）发病症状

欧洲幼虫腐臭病一般只感染1～2日龄的小幼虫。这些小幼虫吞食被蜜蜂链球菌污染的食物后，细菌在幼虫体内中肠迅速繁殖，破坏中肠围食膜，然后侵染上皮组织，有时病菌能几乎完全充满中肠。经过2～3天的潜伏期，3～4日龄发病幼虫在未封盖之前大量死亡。

幼虫患病后，虫体最开始呈扁平状，失去正常的饱满和光泽，体色从珍珠般白色变为淡黄色、黄色、浅褐色，直至黑褐色。刚变褐色时，由于死亡幼虫呈现溶解性腐败，透过表皮清晰可见幼虫的气管系统。弯曲幼虫的背线呈放射状，已伸直幼虫的背线为窄条状。随着发病幼虫体色的进一步加深，虫体逐渐塌陷，最后蜷曲在巢房底部腐烂。死亡幼虫具酸臭味，稍具黏性，但不能拉成丝状。幼虫尸体干枯后，堆缩于巢房底部呈鳞片状，易被工蜂清除（图11-3）。

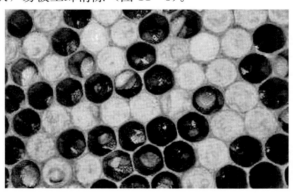

图11-3　欧洲幼虫腐臭病症状

蜂群发病初期，少量幼虫发病死亡后，将被内勤蜂所清理掉，随后蜂王便在巢房内接着产卵。因此，在发病蜂群中，子脾上常会出现空巢房与子脾相间的"插花子脾"现象。若病害发生严重，蜂群中长期只见卵、虫而不见封盖子，幼虫全部腐烂发臭，群势下降很快，最终造成蜜蜂离脾乃至整群飞逃的局面。

（四）传播途径

蜂群内被污染的饲料，特别是花粉，是该病的主要传染来源。病害在蜂群内的传播，主要是通过内勤蜂的清洁及哺育幼虫活动，将病原菌传染给健康的幼虫；病害在蜂群间的传播，主要是通过盗蜂、迷巢蜂或外勤蜂的采集活动等引起。此外，养蜂人员不遵守卫生操作规程，例如误将带病菌的巢脾插入健康的蜂群内，也会造成病害的直接传播。

（五）诊断方法

检查蜂群过程中，发现子脾上有"花子"，并且幼虫有移位、扭曲或腐烂于巢房底部，病死腐烂幼虫尸体具有酸臭味等典型症状，可初步诊断为欧洲幼虫腐臭病。

（六）预防措施

1. 选育抗病品种。选育对病害敏感性低的品系作群，以提高蜂群抵抗欧洲幼虫腐臭病的能力。

2. 加强饲养管理。由于欧洲幼虫腐臭病的发生与环境及蜂群条件的关系极为密切。因此，在春季气温比较低的时候，要对群势较弱的蜂群进行合并，保持蜂脾相称或蜂多于脾，加强保温，保证蜂群内有充足的饲料，特别是蛋白质饲料，以提高蜂群的抗病能力。同时，结合奖励饲喂进行预防性用药。对患病比较严重的蜂群，应将患病严重的子脾予以撤除，并增补一定数量的连脾带蜂的封盖子脾，以提高蜂群对病虫的清除能力。

3. 定期换王。换王能够打破蜂群内的育虫周期，给内勤蜂足够的时间清除病虫和打扫巢房，恢复蜂群健康。

4. 严格消毒。遵守卫生操作规程，平时要注意对蜂场周围和蜂具进行认真、严格地清洗、消毒。小范围发病时，可将发病群内的子脾取出烧毁深埋，对巢脾和蜂具要严格消毒后再使用。可使用市场上出售的高效消毒剂，或者用0.1%左右的高锰酸钾水洗刷蜂箱、浸泡或喷洒巢脾。

（七）药物治疗

1. 西药配方

配方一：抗生素糖浆。许多抗生素类药物如链霉素、土霉素、四环素、红霉素等对该病均有效，可轮换交替使用。配制方法：每500 g糖浆中（蔗糖与水的比例为 1：1）加入上述抗生素药物 20 万 IU，充分混匀。根据群势大小，每群蜂每次饲喂糖浆 250～500 g，每天 1 次，4～5 次为一个疗程，间隔 3～5 天进行下一个疗程，直至完全恢复正常。

配方二：抗生素炼糖。配制方法：在 224 g 热蜜中加入 544 g 糖粉，待冷却至 30 ℃左右时，加入 7.8 g 上述抗生素药物，搓揉至变硬，分成小块喂给 50 群左右的发病蜂群。重病蜂群可连续喂 3～5 次，轻病蜂群 5～7 天喂 1 次。

配方三：抗生素花粉饼。按每群蜂每次 8 万～10 万 IU 的剂量，将土霉素、四环素等抗生素类药物拌入花粉中，花粉量以 2～4 天能被蜜蜂采食完为度，再加入适量蜂蜜制成花粉饼。然后将含药花粉饼置于框梁上，让蜜蜂搬运取食。待蜜蜂取食完毕后，再次配制饲喂，连喂 3 次。

配方四：抗生素喷剂。在治疗期间，如果蜂群取食人工糖浆缓慢或不取食，可采取直接喷雾的方法进行治疗。配制方法：可将上述抗生素药物溶于适量稀薄糖浆中（蔗糖与水的比例为 1：4）或适量清洁水中，充分混匀，直接提脾带蜂进行喷雾治疗，以喷至蜂体雾湿为度，隔天喷 1 次，4～5 次为一个疗程，直至完全恢复正常。

2. 中草药配方

配方一：黄芩 10 g，黄连 15 g，冷开水 250 mL。先将中草药用净水浸泡 30 min，后用大火煮沸，再用文火煎熬 5 min，滤出药液。用药液直接脱蜂喷脾，每一剂可喷 10 框蜂，隔日喷 1 次，连喷 3 次。

配方二：黄连 20 g，茯苓 20 g，穿心莲 30 g，雪胆 30 g，大黄 15 g，桂圆 30 g，青黛 20 g，五加皮 20 g，金不换 20 g，金银花 30 g，麦芽 30 g，黄檗 20 g 等。先将中草药用净水浸泡 30 min，后用大火煮沸，再用文火煎熬 5 min，滤出药液。再重复煎熬一次，将两次熬出的药液合在一起，按 1：1 的比例加入白糖而制成糖浆。每一剂可喂 70～80 框蜂，隔日 1 次，连喂 4～5 次为一个疗程。停药几天后，再喂一个疗程，直至痊愈。

三、中蜂囊状幼虫病和欧洲幼虫腐臭病鉴别诊断方法

中蜂囊状幼虫病和欧洲幼虫腐臭病都具有传染力强、传播速度快、危害性大等特点，其发病症状有很多相似的地方，又有各自不同的特点，在养蜂生产中，这两种疾病发生比较普遍，时而交叉、时而混合，极易被养蜂者所忽视。为了帮助养蜂者掌握这两种疾病的诊断方法，特整理

中蜂囊状幼虫病与欧洲幼虫腐臭病鉴别诊断表（表11-1）供参考。

表 11-1　　　　　中蜂囊状幼虫病与欧洲幼虫腐臭病鉴别诊断表

	病原	典型症状		实验室诊断
		相同点	不同点	
中蜂囊状幼虫病	中蜂囊状幼虫病病毒	①子脾上都有"花子"现象；②死亡幼虫的体色变化都是从白色变为淡黄色、黄色、浅褐色、直至黑褐色；③死亡幼虫易被工蜂所清除。	①5～6日龄大幼虫死亡，30%死于封盖前，70%死于封盖后；②巢房盖有"穿孔"现象，幼虫头部呈现"尖头状"，幼虫身体呈"囊袋状"等；③死亡幼虫干枯后形成"龙船状"，易与巢房分离；④死亡幼虫无黏性、无臭味。	RT-PCR（聚合酶链反应）
欧洲幼虫腐臭病	蜂房链球菌等细菌		①3～4日龄小幼虫在未封盖前死亡；②死亡幼虫移位、扭曲或腐烂于巢房底部；③死亡幼虫稍具黏性、具有酸臭味。	牛奶试验

第四节　中蜂常见敌害及防治

一、蜡螟

蜡螟属鳞翅目螟蛾科蜡螟亚科昆虫，蜡螟的幼虫俗称"巢虫""绵虫""隧道虫"，是当前危害中蜂的主要敌害之一。蜡螟的卵和幼虫生命力极强，繁殖速度快，在蜂巢内取食巢脾的蜡质，并吐丝作茧扰乱蜂群的正常生活，严重破坏巢脾的结构，影响蜂群繁殖，以致迫使蜂群逃逸。常见的有大蜡螟和小蜡螟两种。

（一）分布与危害

大蜡螟的分布几乎遍及全世界养蜂国家，其耐寒能力比较差，在高海拔寒冷地区，大蜡螟几乎很少发生，而在东南亚热带与亚热带地区，大蜡螟危害相当严重。小蜡螟仅零星分布于温带及热带地区，其对蜜蜂的危害远不如大蜡螟严重。

　　大蜡螟给我国中蜂养殖业所造成的损失，尚无准确估计。但据1979—1980 年对贵州锦屏县中蜂群调查显示，该县受大蜡螟危害的蜂群数量占全县蜂群总数的 3/4 以上，其中危害致逃的蜂群数量约占逃蜂群总数的 90％。

　　大蜡螟只在幼虫期取食巢脾，危害封盖子，经常造成蜂群内的“白头蛹”现象。严重时，白头蛹可达 80％以上的子脾，即使勉强羽化的幼蜂，也会因巢房底部的丝线而困在巢房内。如果蜂群的群势较弱，巢脾上的巢虫很多，工蜂无法抵挡时，蜂群不得不弃巢飞逃，另迁新址筑巢。

（二）形态与特征

　　大蜡螟的卵呈短卵圆形，长 0.3～0.4 mm，表面不光滑，颜色最开始为粉红色，后转化为乳白色、苍白色、浅黄色，最后变成黄褐色。卵块为单层，卵粒紧密排列。刚孵化的幼虫呈乳白色，稍大后，背腹面转变成灰色和深灰色。老熟幼虫体长可达 28 mm，质量可达 240 mg。蛹通常为白色裸露，有些蛹也会被黑色粪粒或蛀屑包裹，长达 12～20 mm，直径 5～7 mm，常在箱底和副盖上结茧（图 11 - 4）。雌蛾体大，平均重可达 169 mg，体长 20 mm 左右，下唇须向前延伸，头部成钩状，前翅前端 2/3 处呈均匀的黑色，后部 1/3 处有不规则的亮域或黑区，点缀黑色的条纹与参差的斑点，从背侧看，胸部与头部色淡。雄蛾体较小，质量也较轻，体色比雌蛾淡，前翅顶端外缘有一明显的扇形区。

图 11 - 4　大蜡螟幼虫（巢虫）

（三）生活与习性

　　蜡螟为完全变态昆虫，一生经历卵、幼虫、蛹和成虫四个发育阶段。

　　大蜡螟生活周期通常为2个月左右，有的可达6个月之久。当气温为29℃～35℃时，其卵期为3～5天。幼虫期长短受食料、温度和湿度影响较大，当食料与温度条件适宜（温度30℃～35℃，相对湿度80%）时，幼虫期为17～19天。发育中的幼虫特别嗜好黑旧巢脾，在取食巢脾过程中钻蛀隧道，毁掉巢脾，损伤蜜蜂幼虫和蛹，造成子脾出现"白头蛹"现象。发育成熟的幼虫结茧前停止取食，找寻巢框或箱底裂缝处吐丝作茧、化蛹。羽化的雌蛾，一般经5 h以上才能交尾，交尾次数为1～3次，产卵期平均为3.4天，产卵量600～900粒，有的可达1800粒。产卵位置多在蜂箱壁缝隙处，寿命为3～15天，温度较低时，雌蛾寿命会延长。雄蛾寿命较短，平均为5.5天。

　　大蜡螟一般出现在3—4月，危害最严重的时期为5—9月。大蜡螟白天隐藏在蜂箱缝隙里，晚上出来活动，雌蛾与雄蛾在夜间交尾，完成交尾后潜入蜂箱缝隙处或箱底的蜡屑里产卵。刚孵化的幼虫先在蜡屑中生活一段时间，2～3天后开始上脾，此时护脾的工蜂对它们的行动并不阻挠，于是这些幼虫就趁机钻进巢脾蛀食蜡质。当幼虫在巢脾中发育到5～6日龄时，食量越来越大，对巢脾的破坏力也就越来越大。此时，工蜂才会感觉到它们的威胁，开始清除"白头蛹"，削咬有巢虫的巢脾，并将巢虫拉出，落到箱底的巢虫，靠吃蜡屑生存。这时工蜂绝不会让长大了的巢虫再次上脾危害。

　　对于群势较弱的蜂群，至巢虫上脾危害开始，仅几天时间就将整张巢脾蛀食得面目全非（图11-5）。待幼虫长大后，在巢脾上吐丝作网，并在网中结茧化蛹，然后羽化为成虫，至雌蛾交尾后再产卵，再孵化为幼虫上脾危害蜂群，如此不断循环。

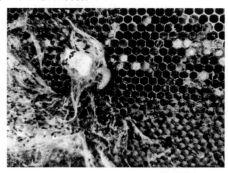

图11-5　巢虫危害巢脾情况

（四）发生与环境关系

大蜡螟的发生存在明显的季节性。春季气温低，蜂箱内湿度大，很少见到大蜡螟的踪影。夏季是大蜡螟危害的高峰期，一般群势较弱、脾多蜂少、储蜜少的蜂群首先被危害。随着新羽化的雌蛾数量的逐渐增多，一些中等群势的蜂群也开始出现呈线状的少量"白头蛹"。到秋季后，"白头蛹"比例开始下降，并随着气温的逐渐降低而缓慢消失。一般大蜡螟危害的最终时期多在越夏的中后期。

不同蜂种对大蜡螟的抵抗能力各不相同，意蜂很少遭受大蜡螟的为害，但中蜂却往往深受其害。大蜡螟对巢脾的新旧也有选择，一般喜好老旧巢脾而较少危害新巢脾。

（五）发生与症状表现

大蜡螟乘天黑钻入蜂箱底部开始产卵，卵孵化后，先在蜂箱底板蜡屑、蜡渣中隐蔽取食。2～3 天后，开始上脾取食，啃咬花粉及蜜蜂蜕皮留下的茧衣，边钻蛀打隧洞边取食，造成被钻蛀过的幼虫及封盖子死亡而呈现"白头蛹"。严重时，蜂群死亡率高，巢脾破坏严重，蜜蜂无法修复而逃群。

（六）预防与治疗

1. 加强饲养管理。坚持饲养强群，保持蜂多于脾或蜂脾相称，对群势较弱的蜂群进行适当合并，以增强蜂群的护脾能力；定期清理箱底，对蜜蜂咬下的老脾碎屑，应及时清理干净；及时更换新脾，淘汰老旧脾，减少巢虫危害；捕杀成蛾与越冬虫蛹，清除大蜡螟卵块；保持蜂箱内湿度，可在巢虫危害高峰期，每天给蜂群人工喂水，既能满足蜂群采水降温的需要，又能提高巢虫的死亡率。

2. 防治措施

（1）物理防治。①利用蜂产品防治巢虫危害。即将巢蜜、蜂花粉于－6.7 ℃下冷冻 4.5 h，或－12.2 ℃下冷冻 3 h 或－15 ℃下冷冻 2 h，可杀死各期大蜡螟；②将被巢虫钻蛀严重的巢脾放入冰箱冷冻室内冷冻 48 h，可冻死巢脾中的所有巢虫；③用水灌满巢脾两面所有巢房，将隐蔽其中的巢虫淹死或迫使其爬出巢脾。

（2）化学防治。①将蜂箱和空巢脾在 1% 烧碱溶液或 5% 石灰水中浸泡 30 h 左右，洗净后晾干，即可清除隐藏在其中的越冬大蜡螟；②用 36 mg/L 氧化乙烯对巢脾熏蒸 1.5 h，或用 0.02 mg/L 二溴乙烯熏蒸巢脾 24 h，可杀灭各期大蜡螟。熏杀大蜡螟常用的药物还有二硫化碳、硫磺

（二氧化硫）等；③将20％氯虫苯甲酰胺按1∶1比例兑水稀释，浸泡桐木片或桐木条24 h，晾干，每个蜂箱底板放置一片，每年放一次，即可对大蜡螟起到很好地驱赶及预防作用；④利用"巢虫净"或"巢虫清木片"进行治疗和预防，按使用说明书操作即可。

（3）生物防治。①利用苏云金杆菌生物杀虫剂喷在箱底、箱壁和副盖上即可。于每年5月开始喷第一次，每隔两个月喷一次，全年共喷3次。如果效果不如意，可适当增加喷药次数。该生物农药对蜜蜂毒性低，但对防治巢虫效果不错；②每个蜂箱中放置10粒左右的八角果、少量卫生球或在蜂箱底板上撒盐，对大蜡螟均可起到驱赶及预防作用。

二、胡蜂

胡蜂属膜翅目胡蜂总科昆虫，俗称"大黄蜂"，是中蜂最主要敌害之一。胡蜂对中蜂的主要危害表现为盗食蜂蜜、捕杀蜜蜂等。

（一）分布与危害

胡蜂在世界上广泛分布，是世界上养蜂业最主要的天敌之一。我国南方地区，特别是南方的山区以及丘陵地区，9—10月胡蜂最为猖獗，成为中蜂的最主要敌害。外界蜜粉源缺乏时，胡蜂除在空中追逐捕食蜜蜂外，还会在蜂箱巢门前等候，伺机捕食出入巢门的工蜂，并将咬掉的蜜蜂头部和腹部弃置于巢门处，取食蜜蜂的胸部带回胡蜂巢内哺食幼虫。群势较弱的蜂群，巢门较大时，胡蜂可成批攻入，盗食蜂蜜，危害蜜蜂幼虫及蛹，蜂群逼迫弃巢飞逃或被毁灭。被胡蜂骚扰过的蜂群，巢门前会出现秩序紊乱，蜂箱前出现大量伤亡的青壮年蜂，大多数伤亡的蜜蜂呈现残翅、无头或断足状态。据有关文献资料记载：我国南方各省，胡蜂每年在夏、秋两季损害采集蜂多达20％～30％。

危害中蜂的胡蜂种类主要有：金环胡蜂、黄腰胡蜂、黑盾胡蜂、黑胸胡蜂、黑尾胡蜂和基胡蜂等。其中，尤以金环胡蜂、黑盾胡蜂和黑胸胡蜂捕杀中蜂最为凶猛。

（二）形态与特征

胡蜂的身体由头部、胸部、腹部、三对足和一对触角组成，还具有单眼、复眼与翅膀，腹部尾端内隐藏了一支退化的输卵管，即有毒蜂针。胡蜂体色大多呈黑、黄、棕三色相间，或为单一色。绒毛较短，足较长，翅发达，飞翔迅速，口器发达，上颚较粗壮。雄蜂腹部7节，无螫针。雌蜂腹部6节，末端有由产卵器形成的螫针，上连毒囊，分泌毒液，毒力较强。胡蜂蛹呈黄白色，颜色随日龄的增长而加深。胡蜂幼虫梭形，呈白色，无足，身体分为13节。胡蜂的毒素分溶血毒和神经毒两类，可引起人体内肝、肾等脏器的功能衰竭，甚至死亡。胡蜂毒刺上无毒腺盖，可对人发动多次袭击或蜇刺。

1. 金环胡蜂。雌蜂体长30～40 mm，呈褐色，常有褐色斑。头部呈橘黄色至褐色，后头边缘有棕色毛，触角支角突呈深棕色。前胸背板两侧呈黄色，胸腹节呈黑褐色，中、后胸侧板呈黑褐色。足呈黑褐色。雄蜂体长约34 mm，棕色毛较密，身体上有棕色斑（图11-6）。

图 11-6　金环胡蜂

2. 黑盾胡蜂。雌蜂体长约21 mm。头部呈黄色，有棕色长毛，触角柄节背部呈黑色，腹面淡黄色。前胸背板呈黄色，中胸背板呈黑色，前、后胸侧板呈黄色。腹部除第一节基柄处和第二节基部呈黑色外，其余部分均为黄色。足呈黄色。雄蜂虫体长24 mm，唇基无明显突起的2个齿。

3. 黑胸胡蜂。雌蜂体长约22 mm，呈黑褐色。头顶、上颊、后头均呈黑色，下颊、唇基均呈黄褐色。前足腿节末端背面和胫节内侧及跗节均呈黄褐色，其余部分呈黑色。中、后足除跗节呈黄褐色外，其余部分均呈黑色。腹部第1～3节背板除后缘有黄褐色狭边外，其余为黑色，第4节背板呈褐色，第5～6节背板呈暗褐色。雄蜂较雌蜂小。

（三）生活与习性

胡蜂大部分营社会性群居生活，多数营巢于树洞、树枝或屋檐下。胡蜂群中有蜂王、工蜂和雄蜂之分。蜂王在秋季交尾后进入越冬期，第二年3—4月开始出巢觅食、营巢、产卵，其寿命在1年以上。雄蜂在交配后不久即死亡。

胡蜂一般在早晚、阴天或雨后活动，春季中午气温高时活动最勤，晚间归巢后停止活动。夏季中午炎热时，常暂停活动。胡蜂属杂食性昆虫，主要以肉食性为主，喜食甜性物质，成虫也会采食花蜜。胡蜂捕食昆虫的成虫和幼虫，当外界缺少其他昆虫食源时，蜜蜂就成为胡蜂的主要猎捕对象。

（四）发生与症状表现

当外界缺少其他昆虫食源时，胡蜂通常在蜂箱前 1~2 m 处盘旋或停留在蜂场附近的树枝上，寻找机会俯冲追逐和捕猎外出采集的工蜂，甚至进入蜂箱内危害蜜蜂的幼虫及蛹，导致整个蜂群飞逃或毁灭。被胡蜂骚扰过的蜂群，巢门前会出现秩序紊乱，蜂箱前出现大量伤亡的青壮年蜂，且大多数伤亡蜂有残翅、无头或断足现象。

（五）防治措施

1. 防护法。胡蜂危害严重时期，蜂箱不能有敞开的部分，巢门的开口要尽量缩小（以圆洞状为最佳）；或在蜂箱巢门口安装隔王栅或金属片，禁止胡蜂攻入蜂箱；或于蜂箱巢门口安装防胡蜂栅栏，阻止胡蜂入侵蜂箱或接近巢门。同时，要堵塞蜂箱的各种缝隙漏洞，防止胡蜂从这些地方钻入蜂箱。

2. 拍打法。危害严重季节，胡蜂不但在野外捕食蜜蜂，甚至常到蜂群巢门口捕食和骚扰蜜蜂。蜂群一旦被胡蜂捕食得手以后，就会招来更多的胡蜂同伴前来捕食该蜂群。因此，在日常管理中，要准备几把羽毛球拍，以便在蜂箱巢门口或蜂场周围扑打消灭胡蜂。特别要注意扑打第一只前来捕食骚扰蜂群的胡蜂。

3. 毒杀法。①用虫罩网住活体胡蜂，戴上防蜇手套将毒药涂在胡蜂背部，放胡蜂归巢。每天涂抹药物 10 只左右，连续使用 3 天。另外，也可在胡蜂筑巢取材的牛粪中喷洒毒药；②用虫罩网住活体胡蜂，戴上防蜇手套将一段 3 cm 左右的细双线系在胡蜂足部，并在细线上涂上美曲磷酯药物，然后放胡蜂归巢，使其污染全巢而毒死全群。操作过程中，要注意防止被胡蜂蜇伤；③将毒杀胡蜂的药物（粉剂）放入 100~150 mL 的普通广口瓶内（约 1 g），抓几只胡蜂放入瓶里，盖上瓶盖，胡蜂在瓶内振翅飞逃时，药粉就会自动涂到胡蜂身上。然后打开瓶盖，放出胡蜂，让其归巢，胡蜂归巢后，很快污染其巢穴，毒杀其全群。

4. 诱杀法。在广口瓶中装入 3/4 容积的蜜醋，挂在蜂场周围，或用杀虫剂拌入剁碎的肉末里，盛于盘中，放在蜂场周围诱杀前来骚扰的胡蜂。注意放置位置不能太低，以免毒害家禽、家畜等。

三、蟾蜍

（一）分布与危害

蟾蜍，俗称"癞蛤蟆"，在全国各地均有分布。蟾蜍白天多隐藏于石块下、草丛中、土洞中或蜂箱底下，黄昏出现于草地或路旁。天气炎热的夜晚，蟾蜍会待在蜂箱巢门口，捕食出现在巢门口扇风的蜜蜂。蟾蜍捕食量相当大，每只蟾蜍一晚上可捕食数十只至几百只蜜蜂。

（二）生活与习性

蟾蜍喜欢隐藏于泥穴内、石块下、草丛中或水沟边，白天多潜伏隐蔽，夜晚及黄昏出来活动。成年蟾蜍多集群在水底泥沙内或陆地潮湿土壤下越冬，停止进食。翌年气温回升到 10 ℃～20 ℃时，结束冬眠。夜间捕食、活动，以甲虫、蛾类、蜗牛、蝇蛆等为食。

（三）形态与特征

雌性蟾蜍头部宽度大于头部长度；吻端圆，吻棱显著，颊部向外侧倾斜；鼻间距略小于眼间距，上眼睑宽、略大于眼间距，鼓膜显著，椭圆形；前肢粗短，关节下瘤不成对，外掌突大而圆，呈深棕色，内掌小色浅；后肢短，胫跗关节前达肩或肩后端，左右跟部不相遇，足比胫长，趾短，趾端黑色或深棕色，趾侧均有缘膜，基部相连成半蹼；关节下瘤小而清晰，内跖突较大色深，外跖突很小色浅。雄性蟾蜍皮肤粗糙，头部、上眼睑及背面密布不等大的疣粒；雌性疣粒较少，耳后腺大而扁，四肢及腹部较平滑。

雄性背面多呈橄榄黄色，有不规则的花斑，疣粒上有红点；雌性背面呈浅绿色，花斑酱色，疣粒上也有红点。两性腹面均为乳白色，一般无斑点，少数有黑色分散的小斑点。

（四）防治方法

1. 将蜂箱用支架或基桩垫高 30～40 cm，使蟾蜍无法接近巢门捕捉蜜蜂。

2. 用细铁丝网将蜂场围起来，使蟾蜍无法靠近蜂箱。

3. 可在蜂箱巢门前开一条长 50 cm、宽 30 cm、深 50 cm 的深沟，白天用草帘、树枝等物将沟口盖住，夜间打开。当蟾蜍前来捕食蜜蜂时，就会掉入沟内，爬不出来。

4. 清除蜂场上的杂草、杂物，使蟾蜍无藏身之处。

四、蚂蚁

(一) 分布与危害

蚂蚁是一种分布广泛的昆虫,尤以高温潮湿或森林地区分布最多。蚂蚁通常在蜂箱附近爬行,甚至筑巢于蜂箱底部,并从蜂箱缝隙处或巢门侵入,吸食蜂蜜、花粉、蜡屑和幼虫等,并袭击蜜蜂,造成蜂群混乱不安,影响蜂群的正常生产活动,还会致使弱小蜂群发生飞逃,给蜂群带来极为严重的危害。

有些蚂蚁(例如白蚁)以木质纤维为食,主要危害蜂箱的木质部分,导致蜂箱寿命缩短从而损坏蜂箱,给养蜂者造成很大的经济损失。

(二) 防治措施

1. 将蜂箱用支架或基桩垫高 30～40 cm,清除蜂箱四周的杂草。

2. 把蜂箱放在支架上,并将支架的四条腿放入盛水的容器中,可隔断蚂蚁爬进蜂箱的路径。

3. 寻找到蚂蚁窝洞口,将"白蚁净"药物投放入蚁窝内,杀灭全巢蚂蚁。

4. 在蜂箱四周均匀撒上生石灰、明矾或硫黄等驱赶蚂蚁。

5. 将烟叶在水中浸泡(烟与水比例为 1∶1)25 天左右,将浸泡好的烟叶水浇于蜂箱四周。若在浸泡烟叶时加入苦灵果,则预防蚂蚁效果更佳。

五、其他敌害

危害中蜂的敌害还包括一些鸟类及兽类敌害。不同地区,其对中蜂的危害程度各不一样。

鸟类敌害主要有蜂虎、蜂鹰和啄木鸟等。蜂虎通常在飞行中捕捉采集蜂,有时婚飞的处女王也会被吃掉,一只蜂虎每天可以吃掉 60 只以上的蜜蜂。蜂虎可以采用鸟枪射击或巢穴毒杀等方法进行防治;啄木鸟对蜂群的危害主要表现为破坏蜂箱,在巢脾上寻找食物,毁坏巢脾,尤其对越冬蜂群具有严重的危害性。因此,为了防治啄木鸟的危害,蜂箱摆放不要过于暴露,蜂箱最好能用硬纸板或编织袋进行包裹等。

兽类敌害主要有黄喉貂、老鼠和刺猬等。这些敌害不仅偷吃蜂蜜,骚扰蜂群,而且还经常将蜂箱推倒,甚至咬坏蜂具,给养蜂业造成很大的经济损失。这些兽类敌害可以采用毒杀法或诱捕法进行有效防治。

第五节　中蜂中毒及防治

一、农药中毒

（一）农药的毒性

农药对蜜蜂的毒性因品种不同而各异，根据农药对蜜蜂毒性的强弱，可分为三大类：

1. 剧毒类。这类农药对蜜蜂的毒性极大，一只蜜蜂的致死量为 $0.001\sim1.990\ \mu g$。主要包括乐果、马拉硫磷、甲胺磷、乙酰甲胺磷、杀螟松、灭害威等。这类农药应禁止在各农作物开花期使用。

2. 中毒类。这类农药对蜜蜂的毒性中等，一只蜜蜂的致死量为 $2.00\sim10.99\ \mu g$。主要包括毒杀酚、滴滴涕、三硫磷、双硫磷等。这类农药可以在早晚时间进行喷洒，但不宜在蜜蜂采集时使用。

3. 低毒类。这类农药对蜜蜂的毒性较低，主要包括苏云金杆菌、美曲磷酯、波尔多液、硫酸铜、灭蚜松、烟碱、乙酯杀螨醇等。这些农药可以在农作物开花期使用，但应尽量避免与蜜蜂直接接触。

（二）中毒原因

农药不仅可以直接杀死蜜蜂，而且还可以间接污染花蜜、花粉和水源等。根据农药引起蜜蜂中毒或死亡的作用机制，可将农药中毒分为三大类，即触杀作用、胃毒作用和熏杀作用。有的农药是通过与蜜蜂身体相接触，产生触杀作用；不同种类的农药喷洒到植物上以后，有的农药是通过蜜蜂采集或巢内的清洁活动，直接吞食药物，产生胃毒作用；有的农药是通过蜜蜂气门或呼吸系统进入其体内，产生熏杀作用。一旦农药进入蜜蜂体内以后，就有可能出现以下两种作用方式：

1. 可能侵入消化道，造成蜜蜂机体麻痹或肌肉上的毒害，使成年蜂无法获取所需的营养，腹部膨胀，脱水死亡。

2. 农药以各种途径侵害蜜蜂的神经系统，以致蜜蜂的足、翅、消化道等失去功能而死亡。

（三）中毒症状

1. 全场蜂群突然出现大量死亡。群势越强的蜂群，死蜂越多，而群势较弱的蜂群则死蜂少，交尾群几乎无死蜂。

2. 死亡蜜蜂多为采集蜂。一些采集蜂死于采集地或返巢途中，大部分采集蜂在返巢以后死亡，死亡蜜蜂后足还带有花粉团。

3. 中毒蜜蜂在地上翻滚、打转、痉挛、爬行，身子不停地颤抖，最后麻痹死亡。死亡蜜蜂腹部勾曲，两翅张开，吻伸出。

4. 全场蜂群呈现极度不安，秩序混乱，漫天飞舞，爱蜇人。开箱检查，箱底有大量死蜂，箱内蜜蜂性情暴躁，爱蜇人；提脾检查，可见大量蜜蜂无力附脾而掉落于箱底。

5. 中毒严重时，除采集蜂大量死亡外，蜂箱内幼虫也会中毒死亡，中毒幼虫"跳子"至巢房口或脱落在箱底上。有的全群离开巢脾，爬出巢门外，在巢门口附近或箱底聚集成团。

（四）预防措施

《中华人民共和国农药管理条例》第十七条规定："使用农药应当注意保护环境、有益生物和珍稀物种。蜜蜂属有益生物，使用农药时，施药人有责任对其加以保护，使之免受损失。"《养蜂管理暂行规定》第六条规定："农、林、牧、果、蔬种植单位和个人，应尽可能避免在蜜源花期喷洒农药。必须施药时，至少应在3天以前通知施药邻近的蜂场，及时采取措施。"因此，为避免发生农药中毒，养蜂场和施药单位要根据相关法律法规的规定，密切配合，共同协商施药时间、药剂种类和施药方法，保证蜜蜂对植物授粉的同时，有效避免蜜蜂受害。

1. 各种授粉作物开花期间，应禁止喷洒对蜜蜂有毒害的农药。花期前与花期后喷药具有同等效果时，应尽可能在花期后喷药；喷粉与喷雾均有效时，宜采用喷雾方法；必须在花期施药时，应选择对蜜蜂低毒或残留期短的农药。同时，尽量采取统一行动，一次性施药，避免给养蜂场造成更大损失。

2. 根据蜜源作物的丰盛度和对蜜蜂的吸引力，最好选在阴天、清晨和傍晚时施药，避免蜜蜂外出采集时，发生中毒现象。

3. 在不影响农药药效的前提下，应在药液中加入适量的驱避剂（苯酚、硫酸烟碱等），避免蜜蜂采集。农药的施用剂量，应以对蜜蜂最安全而对病虫害达到防治效果为最佳。

4. 必须在花期施用农药时，施药方应在施药前7天左右的时间通知周围5 km范围的养蜂者，以便养蜂者及时采取相应的处理措施。

5. 若施用药效超过48 h的长效期农药，养蜂者应在施药前1天，将蜂群搬离至施药地点5 km之外的地方，待药液毒性残留期过后，再将蜂群搬回原址。

6. 若药效期短，或蜂群一时无法搬离，养蜂者可采取将蜂群幽闭的办法进行暂时处理，幽闭时间可根据各种农药残效期的长短而定。同时，做好蜂群的通风降温工作，保持蜂群黑暗、安静，并保证有足够的蜜粉。

7. 养蜂者树立预防农药中毒意识，提早对蜂场周围 5 km 范围农作物或果林的农场主（种植户）进行告知、沟通，若需对农作物或果林施用农药，农场主应提前通知养蜂者做好防范工作。

（五）急救方法

对发生农药中毒的蜂群，如果损失的只是采集蜂，蜂箱内没有带入任何有毒的花蜜和花粉，而且蜂箱内具有充足而又无毒的饲料时，就不需要对蜂群做任何处理；如果蜂群内哺育蜂和幼虫也发生了中毒，此时不仅需要对蜂场进行迁移，而且还应将蜂群内所有被农药污染的饲料全部清除，并立即用 1：1 的稀薄糖浆或甘草水糖浆进行饲喂。同时，适当喂些解毒药物进行喷脾解毒。

对于有机磷农药所引起的中毒，中毒群蜂应用阿托品片剂（每片 0.3 mg）2～3 片或针剂（1 mg/mL）1 支，或 0.1%～0.2% 解磷定，温开水溶化后，兑入 0.3 kg 糖浆中，混匀后，喷洒在巢脾上或蜂路间，让蜜蜂自行采食。

对于有机氯所引起的农药中毒，中毒群蜂应用 20% 磺胺塞唑钠注射液 3～4 mL 或片剂 1～1.5 片，温开水溶化后，兑入 0.3 kg 糖浆中饲喂蜂群。也可用金银花、甘草、绿豆解毒。金银花、甘草加水煎煮取汁，绿豆粉碎后，加热开水搅拌滤汁，然后将二者药汁混合兑入适量蜂蜜饲喂蜂群。喂药 4 h 左右，如继续死蜂，再行喂药，直至无死蜂为止。

二、甘露蜜中毒

（一）发病原因

甘露蜜包括甘露和蜜露两种。甘露是由蚜虫、介壳虫等昆虫分泌出来的一种含糖汁液；蜜露是指植物本身分泌出来的一种细胞汁液。早春或晚秋季节，外界蜜源缺乏，蜂群缺乏饲料，长期处于饥饿状态，尤其是干旱歉收的年份，蜜蜂会采集甘露或蜜露带回蜂巢酿造成甘露蜜。由于甘露蜜中葡萄糖和果糖含量少，蔗糖含量多，还含有大量的矿物质和糊精物质，蜜蜂取食后不容易消化，因而会引起中毒。此外，甘露蜜常被细菌或真菌等微生物污染，也是蜜蜂取食后引起中毒的原因之一。

（二）中毒症状

采集蜂大量死亡，群势越强死蜂越多。采集蜂中毒后表现为腹部膨大，无力飞翔，常爬到框梁上或巢门外，并在巢框、箱壁和巢门前排出大量灰黑色粪便，有时在蜂箱附近的小草上结成小团。中毒严重时，大幼虫也会在取食甘露蜜后引起中毒死亡，并被工蜂拖出巢门外。解剖病蜂观察发现：中毒蜜蜂蜜囊呈球形，中肠萎缩、环纹消失，呈灰白色，并有黑色絮状沉淀，后肠呈蓝色或黑色，肠内充满暗褐色或黑色粪便。

（三）预防措施

1. 外界缺少蜜源的季节，例如早春和晚秋，应预先为蜂群留足饲料，让蜂群远离松树、柏树等一些容易产生甘露蜜的植物之地。

2. 缺蜜和少蜜的蜂群，应及时进行补充饲喂，绝不能让蜂群长期处于饥饿状态，以免蜜蜂外出采集甘露蜜。

3. 已经采集甘露蜜的蜂群，越冬前应将蜂箱内所有含甘露蜜的蜜脾全部清除，并饲喂优质蜂蜜或糖浆作为越冬饲料。

（四）治疗措施

甘露蜜中毒是由于蜜蜂取食甘露蜜后，蜜蜂消化吸收发生障碍所引起。因此，甘露蜜中毒的药物治疗原则应以助消化为主。

1. 每20框蜂用复方维生素B 20片，干酵母50片，混合研碎后加入1 kg糖浆中（糖水比例为1∶1），充分混匀后饲喂蜂群，连喂4～5天，每天饲喂1次。

2. 党参10 g，云营10 g，山药10 g，炒白术10 g，炒扁豆6 g，焦山楂10 g，麦芽10 g。先将中草药组方用500 mL净水浸泡30 min，然后用大火煮沸，再用文火煎熬5 min，滤出药液；再重复煎熬1次，将两次熬出的药液混合在一起，冷却后，再加入与药液等量的蜂蜜，充分摇匀饲喂蜂群，用药量视病情轻重而定。

三、花蜜中毒

花蜜中毒是由于蜜蜂采食了某些植物的花粉或花蜜后所引起的中毒。自然界中有些植物的花粉或花蜜本身含有毒物质，人与畜都不可食用，例如雷公藤、藜芦、博落回和大叶青藤等植物；而有些植物的花粉和花蜜本身并不含有毒物质，它对蜜蜂的毒害主要是因为花粉或花蜜中含有一些蜜蜂不能消化利用的成分，从而引起蜜蜂生理障碍，例如油茶树、枣花树等植物。在养蜂生产实践中，最常见的花蜜中毒为枣花蜜和油茶花蜜中毒。

（一）油茶花蜜中毒

1. 中毒症状。油茶花蜜中毒的主要症状表现为"烂子"。蜜蜂采集了油茶花蜜后，前 3 日龄的幼虫发育正常，即将封盖或已封盖的大幼虫开始成批地腐烂、死亡，房盖变深（像刷了一层油的感觉），有不规则的下陷，中间有小孔（图 11-7）。死亡幼虫尸体呈灰白色或乳白色，黏于巢房底部，开箱后能闻到腐臭味。

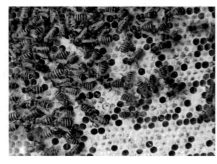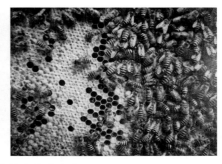

图 11-7　油茶花蜜中毒症状

2. 中毒原因。油茶花蜜本身并非有毒，引起蜜蜂中毒的原因是蜜蜂幼虫不能消化利用油茶花蜜中的低聚糖成分，特别是不能消化利用油茶花蜜中的半乳糖成分，从而引起蜜蜂幼虫生理障碍。

3. 预防措施。在养蜂生产管理中，养蜂者常采用分区饲养管理结合药物解毒的办法进行预防，从而达到使蜂群既可充分利用油茶花蜜源，又尽可能少取食油茶花蜜，以减轻蜂群的中毒程度。

（1）分区管理措施。将巢箱用框式隔王板隔成两个区，其中一区内保留幼虫脾和一框蜜粉脾以及适量空脾组成繁殖区，另一区组成生产区。巢箱上面盖上纱盖，注意在隔王板和纱盖之间应留出 0.5～0.6 cm 的空隙，能使工蜂自由通行，而蜂王不能通过。在繁殖区除在靠近生产区一侧放置一框蜜粉脾外，还应在靠近隔王板处放置一个框式饲喂器，以便用于人工补充饲喂和阻止蜜蜂将油茶花蜜搬入繁殖区。巢门开在生产区，繁殖区巢门装上铁纱巢门控制器，使繁殖区蜜蜂只能出不能进，迫使从繁殖区出来的采集蜂只能进入生产区。这样可有效避免繁殖区的幼虫因食用油茶花蜜而中毒死亡。

（2）饲喂预防药物。油茶花期，为了避免蜜蜂幼虫食用油茶花蜜而中毒死亡，每天傍晚要对繁殖区用含少量糖浆的解毒药物（0.1%多酶片、1%乙醇以及 0.1%大黄苏打片）喷洒或浇灌，或每隔 1～2 天，在子脾上喷洒由山楂冲剂（一小袋）、食用醋（0.3%）、白糖（500 mL 饱和糖水）配制成的解毒药物。另外，隔天饲喂 1 次稀薄糖浆或蜜水（糖与水的比例为 1∶2），饲喂量每框蜂约 50 g，并注意补充适量的花粉。

（3）饲喂酸性饲料。有些科研人员认为，在油茶花期，蜜蜂中毒是由于油茶花蜜中所含有的生物碱 K 引起。因此，可以通过对蜂群饲喂酸性饲料（例如枸橼酸等）进行有效预防。饲喂方法：每 1 kg 糖水中加入1～3 g 食用枸橼酸和 1 片维生素 C，每天晚上浇灌或灌脾饲喂；饲喂量：每天每群蜂约 500 g。

（二）枣花蜜中毒

1. 中毒症状。枣花蜜中毒又称"枣花病"。枣树开花流蜜期，中毒蜜蜂对外界刺激反应迟钝，身体发抖，失去飞翔能力，向前跳跃式爬行，四肢抽搐，最后痉挛而死。大批死亡采集蜂，两翅张开，腹部膨大，并向内勾曲，吻伸出，呈现出典型的中毒症状。

2. 中毒原因。枣花蜜中毒主要是由枣花蜜中所含乙酰胆碱和钾离子成分过高所引起。枣花开花流蜜期，气候干旱炎热，花蜜黏稠，蜜蜂采集费力。在蜂群缺水的情况下，采集蜂机械残缺较为严重。

3. 防治措施。枣花花期前，应选择蜜粉源较充足的场地放蜂，备足其他粉源植物的花粉，可减轻蜂群中毒程度；枣花大流蜜期到来时，注意用加入 0.1%枸橼酸或 5%醋酸的糖浆（糖与水的比例为 1∶1）对蜂群进行补充饲喂，可减轻蜂群中毒程度；也可用生姜水、甘草水灌脾，可起到预防和减轻中毒的作用；枣花流蜜期，应在蜂箱四周及箱底洒些冷水，以保持地面潮湿，为蜂群架设凉棚遮阴，防止烈日直晒，可以在一定程度上减轻蜂群中毒症状。另外，枣花期减少开箱及对蜂群的管理操作，也能在一定程度上减少对蜂群的机械伤害。

第六节　中蜂其他疾病及防治

一、幼虫冻伤病

（一）发病原因

幼虫冻伤是由低温所引起的幼虫冻伤而死亡。多发生于早春巢温过低或突遇寒流袭击的时候，一般弱群更易受到伤害。

（二）发病症状

寒流过后，蜂群内突然出现大批幼虫死亡，尤以弱群边脾死亡幼虫居多，死虫不变软，呈灰白色，逐渐变为黑色。幼虫尸体干枯后，附着于巢房底部，无臭或带酸臭气味，很容易被工蜂清除。受冻严重时，封盖幼虫也可被冻伤，死亡幼虫尸体只能在工蜂咬破巢房盖后，才能被拖出清除。

（三）防治方法

1. 加强饲养管理，对饲料不足的蜂群要及时补充饲喂。

2. 对于弱群应适当合并，增强群势，以提高保温抗寒能力。

3. 早春应特别注意对蜂群的保温，保持蜂多于脾或蜂脾相称。

二、中蜂伤热病

（一）发病原因

1. 蜂群在运输途中通风不良，蜜蜂长时间处于狭小、闷热、潮湿环境之中。

2. 蜂群在低温初繁期保温过度，巢内升温过快，尤其是保温过度，而巢箱内又密不透气。

3. 长时间超量、超浓度地连续对蜂群进行奖励饲喂糖浆或补喂花粉。

4. 长时间关闭迁飞蜂群的巢门，蜂巢内通风散热不畅等。

（二）发病症状

整个蜂群表现为极度烦躁不安，不结团，对人工饲喂的糖浆取食缓慢甚至厌恶，箱底出现大量死亡蜜蜂，死亡的蜜蜂发黑、潮湿，似水洗一般；工蜂体色变深，身体变弱，地面常出现身体痉挛、瘫软、无力返巢的病态爬蜂；封盖子脾间出现雄蜂幼虫的"花子脾"现象，工蜂幼虫普遍死亡，部分工蜂开始产卵；蜜蜂腹部膨大，排泄困难，肠道中充满酸臭味的粪便，有时还伴有下痢症状；箱内湿度大、温度高，严重者，箱内保温物和巢脾潮湿，蜂箱壁及箱底流水，蜜脾发霉变质。

（三）预防措施

1. 蜂箱应放置于阴凉的树荫下，不能让蜂箱直接遭受阳光的曝晒。

2. 转地运输途中，应打开蜂箱巢门加强通风，向蜂群内泼洒凉水，以降低巢温，保持蜂群安静。

3. 蜂群低温初繁期，可适当扩大巢门，并减少保温物，同时撤出变质发霉的蜜粉脾，换以优质的蜜粉脾作为蜂群的越冬饲料。

4. 要严防对蜂群进行过度饲喂，尤其是对蛋白质饲料的饲喂。

（四）治疗措施

1. 对伤热严重的蜂群，应淘汰原蜂王和烂子脾。可以从正常蜂群中调入一框老熟封盖子脾，再诱入一个成熟王台或选留一个改造王台，形成一段时间的停卵、断子期，以便让蜂群重新抚育。

2. 对已经伤热的蜂群，最好不要饲喂糖浆，让蜂群处于适当的饥饿状态。需要通过药物治疗时，宜用无糖药液进行喷雾治疗。

3. 每群蜂可采用元胡 20 g，或半枝莲 10 g、元胡 20 g，或青蒿 20 g、元胡 20 g，或千里光 20 g、元胡 20 g 等组方进行治疗。将每剂药（鲜品用量加倍）煎 3～4 次过滤取汁，混合药汁后，分 5 次使用，每次加入 1片氯苯那敏（4 mg），每天喷雾治疗 1 次，5 次为一个疗程。

第七节　养蜂用药规定

一、禁、限用药物规定

《兽药管理条例》颁布以前，农业部于 2002 年以公告的形式（第 176号、第 193 号和第 235 号）对禁用兽药以及为动物性食品中兽药最高残留限量作出了相关规定。2004 年，《兽药管理条例》颁布以后，为了进一步规范养殖用药行为，保障动物性食品安全，根据《兽药管理条例》相关条款规定，农业（农村）部于 2005 年至 2019 年分别以公告的形式对禁用兽药、兽用处方药以及为动物性食品中兽药最高残留限量作出了更为详细的规定。禁用兽药、兽用处方药等管理规定见表 11‑2。

表 11‑2　　　　　　　　禁用兽药、兽用处方药等管理规定

序号	文件号	发布时间	备注
1	农业部公告第 176 号	2002 年2 月 9 日	《禁止在饲料和动物饮用水中使用的药物品种目录》（五类 40 种）。
2	农业部公告第 193 号	2002 年4 月 9 日	《食品动物禁用的兽药及其化合物清单》（21 种）。

续表1

序号	文件号	发布时间	备注
3	农业部公告第235号	2002年10月24日	《动物性食品中兽药最高残留限量》附录1中规定了阿司匹林等88种动物性食品允许使用，但不需要制定残留限量的药物；附录2中规定了阿维菌素等92种已批准的动物性食品中最高残留限量规定；附录3中规定了氯丙嗪等9种允许作治疗用，但不得在动物性食品中检出的药物；附录4中规定了氯霉素等31种禁止使用的药物，在动物性食品中不得检出。
4	农业部公告第560号	2005年10月28日	《兽药地方标准废止目录》序号1的兽药品种为农业部公告第193号的补充，列为禁用兽药；序号2～5的产品为废止地方质量标准。
5	农业部公告第1519号	2010年12月27日	《禁止在饲料和动物饮水中使用的物质》（11种）。
6	农业部公告第2292号	2015年9月1日	2016年12月31日起，停止洛美沙星、培氟沙星、氧氟沙星、诺氟沙星4种药物用于食品动物。
7	农业部公告第2428号	2016年7月26日	2017年5月1日起，停止使用硫酸黏菌素用于动物促生长。
8	农业部公告第2638号	2018年1月11日	2019年5月1日起，停止在食品动物上使用喹乙醇、氨苯胂酸、洛克沙胂等3种兽药。
9	农业农村部公告第194号	2019年7月9日	自2021年1月1日起，停止生产、进口、经营、使用除中药外的所有促生长类药物饲料添加剂品种。自2020年7月1日起，原农业部公告第168号和第220号废止。
10	GB31650—2019	2019年9月6日	《食品安全国家标准 食品中兽药最大残留限量》规定了动物性食品中阿苯达唑等104种（类）兽药的最大残留限量；规定了醋酸等154种允许用于食品动物，但不需要制定残留限量的兽药；规定了氯丙嗪等9种允许作治疗用，但不得在动物性食品中检出的兽药。本标准自2020年4月1日起实施。

续表 2

序号	文件号	发布时间	备注
11	农业农村部公告第 246 号	2019 年 12 月 19 日	自 2020 年 1 月 1 日起，①废止仅有促生长用途的药物饲料添加剂；②已完成既有促生长又有防治用途药物饲料添加剂、抗球虫和中药类药物饲料添加剂品种的质量标准和说明书范本修订（产品批准文号由"兽药添字"变为"兽药字"）；③已完成抗球虫类药物饲料添加剂相关进口兽药品种的质量标准和说明书范本修订（进口兽药注册证书号不变）。
12	农业农村部公告第 250 号	2019 年 12 月 27 日	《食品动物中禁止使用的药品及其他化合物清单》（共 21 种），原农业部公告第 193 号、235 号、560 号等文件中的相关内容同时废止。
13	农业部公告第 1997 号	2013 年 9 月 30 日	《兽用处方药品种目录（第一批）》公布兽用处方药 9 大类 227 个品种，其中水产药 18 个品种，自 2014 年 3 月 1 日起施行。
14	农业部公告第 2069 号	2014 年 2 月 28 日	《乡村兽医基本用药目录》公布兽用处方药 9 大类 152 个品种，自 2014 年 3 月 1 日起施行。
15	农业部公告第 2471 号	2016 年 11 月 28 日	《兽用处方药品种目录（第二批）》公布兽用处方药 19 个品种。
16	农业部公告第 2513 号	2017 年 4 月 7 日	《兽药质量标准》（2017 年版），自 2017 年 11 月 1 日起施行。
17	农业农村部公告第 245 号	2019 年 12 月 19 日	《兽用处方药品种目录（第三批）》公布兽用处方药 22 个品种。
18	农业农村部公告第 363 号	2020 年 11 月 19 日	《中华人民共和国兽药典》（2020 年版），自 2021 年 7 月 1 日起施行。

二、兽药休药期规定

根据《中华人民共和国兽药典》（2020 年版）[以下简称"《兽药典》（2020 年版）"]和中华人民共和国农业部第 2513 号公告[《兽药质量标准》（2017 年版）]相关规定，结合养蜂业用药实际情况，在兽药种类中涉及与养蜂业有关的种类为55种，其中双甲脒溶液和氟胺氰菊酯两种兽药明确规定了流蜜期禁用，其他兽药对蜜蜂未规定休药期（表11-3）。根据农业主管部门历年对蜂蜜药残质量监测的兽药种类规定，建议对蜜蜂进行病敌害防治时参照其他畜种用药的休药期规定或在蜜源植物大流蜜期前1个月内禁用。

　　另外，2003年，农业部第278号公告"附件1"中列出了202种兽药休药期的药品名称；2017年，农业部第8号公告废止了原第278号公告内容，同时对兽药休药期的药品种类进行了调整，调整后的兽药休药期的药品种类为184种。其中，与养蜂业有关的兽药种类为30种。

表11-3　　　　兽药休药期规定（与养蜂业有关的兽药种类）

序号	兽药名称	执行标准	休药期
1	土霉素片	《兽药典》（2020年版）	牛、羊、猪7日，禽5日；弃奶期72 h，弃蛋期2日
2	注射用盐酸土霉素	《兽药典》（2020年版）	牛、羊、猪8日，弃奶期48 h
3	双甲脒溶液	《兽药典》（2020年版）	牛、羊21日，猪8日，产蜜供人食用的蜜蜂，在流蜜期不得使用
4	注射用盐酸四环素	《兽药典》（2020年版）	牛、羊、猪8日，弃奶期48 h
5	注射用苄星青霉素	《兽药典》（2020年版）	牛、羊4日，猪5日，弃奶期72 h
6	注射用青霉素钠	《兽药典》（2020年版）	牛、羊、猪、禽0日，弃奶期72 h
7	注射用青霉素钾	《兽药典》（2020年版）	牛、羊、猪、禽0日，弃奶期72 h
8	注射用硫酸双氢链霉素	《兽药质量标准》（2017年版）	牛、羊、猪18日，弃奶期72 h
9	注射用硫酸链霉素	《兽药典》（2020年版）	牛、羊、猪18日，弃奶期72 h
10	氟胺氰菊酯条	《兽药质量标准》（2017年版）	流蜜期禁用

续表1

序号	兽药名称	执行标准	休药期
11	恩诺沙星可溶性粉	《兽药典》(2020年版)	鸡8日
12	恩诺沙星注射液	《兽药典》(2020年版)	牛、羊14日，猪10日，兔14日
13	恩诺沙星溶液	《兽药典》(2020年版)	禽8日
14	恩诺沙星片	《兽药典》(2020年版)	鸡8日
15	盐酸环丙沙星可溶性粉	《兽药质量标准》(2017年版)	畜禽28日
16	盐酸环丙沙星注射液	《兽药质量标准》(2017年版)	畜禽28日，弃奶期7日
17	乳酸环丙沙星可溶性粉	《兽药质量标准》(2017年版)	禽8日
18	乳酸环丙沙星注射液	《兽药质量标准》(2017年版)	牛14日，猪10日，禽28日，弃奶期84 h
19	磺胺二甲嘧啶片	《兽药典》(2020年版)	牛10日，羊28日，猪15日，弃奶期7日
20	磺胺二甲嘧啶钠注射液	《兽药典》(2020年版)	家畜28日，弃奶期7日
21	磺胺甲噁唑片	《兽药典》(2020年版)	家畜28日，弃奶期7日
22	复方磺胺甲噁唑片	《兽药典》(2020年版)	家畜28日，弃奶期7日
23	磺胺对甲氧嘧啶片	《兽药典》(2020年版)	家畜28日，弃奶期7日
24	复方磺胺对甲氧嘧啶片	《兽药典》(2020年版)	家畜28日，弃奶期7日
25	复方磺胺对甲氧嘧啶钠注射液	《兽药典》(2020年版)	家畜28日，弃奶期7日

续表 2

序号	兽药名称	执行标准	休药期
26	磺胺间甲氧嘧啶片	《兽药典》（2020 年版）	家畜 28 日，弃奶期 7 日
27	磺胺间甲氧嘧啶钠注射液	《兽药典》（2020 年版）	家畜 28 日，弃奶期 7 日
28	磺胺脒片	《兽药典》（2020 年版）	家畜 28 日，弃奶期 7 日
29	复方磺胺氯达嗪钠粉	《兽药典》（2020 年版）	猪 4 日，鸡 2 日
30	磺胺嘧啶片	《兽药典》（2020 年版）	猪 5 日，牛、羊 28 日，弃奶期 7 日
31	磺胺嘧啶钠注射液	《兽药典》（2020 年版）	牛 10 日，羊 18 日，猪 10 日，弃奶期 72 h
32	复方磺胺嘧啶钠注射液	《兽药典》（2020 年版）	牛、羊 12 日，猪 20 日，弃奶期 48 h
33	磺胺噻唑片	《兽药典》（2020 年版）	家畜 28 日，弃奶期 7 日
34	磺胺噻唑钠注射液	《兽药典》（2020 年版）	家畜 28 日，弃奶期 7 日
35	盐酸沙拉沙星可溶性粉	《兽药质量标准》（2017 年版）	鸡 0 日
36	甲磺酸达氟沙星粉	《兽药质量标准》（2017 年版）	鸡 5 日
37	氟甲喹可溶性粉	《兽药质量标准》（2017 年版）	鸡 2 日
38	盐酸金霉素可溶性粉	《兽药质量标准》（2017 年版）	鸡 7 日
39	盐酸多西环素片	《兽药典》（2020 年版）	牛、禽 28 日，羊 4 日，猪 7 日
40	盐酸林可霉素片	《兽药典》（2020 年版）	猪 6 日

续表 3

序号	兽药名称	执行标准	休药期
41	盐酸林可霉素注射液	《兽药典》（2020 年版）	猪 2 日
42	红霉素片	《兽药典》（2020 年版）	无须制定
43	替米考星注射液	《兽药典》（2020 年版）	牛 35 日
44	替米考星溶液	《兽药典》（2020 年版）	鸡 12 日
45	替米考星可溶性粉	《兽药质量标准》（2017 年版）	鸡 10 日
46	酒石酸泰乐菌素可溶性粉	《兽药典》（2020 年版）	鸡 1 日
47	注射用酒石酸泰乐菌素	《兽药典》（2020 年版）	猪 21 日，禽 28 日
48	吉他霉素片	《兽药典》（2020 年版）	猪、鸡 7 日
49	注射用硫酸卡那霉素	《兽药典》（2020 年版）	牛、羊、猪 28 日，弃奶期 7 日
50	硫酸卡那霉素注射液	《兽药典》（2020 年版）	家畜 28 日，弃奶期 7 日
51	注射用头孢噻呋	《兽药典》（2020 年版）	猪 1 日
52	头孢噻呋注射液	《兽药典》（2020 年版）	猪 5 日
53	注射用头孢噻呋钠	《兽药典》（2020 年版）	猪 4 日
54	阿莫西林可溶性粉	《兽药典》（2020 年版）	鸡 7 日
55	注射用阿莫西林钠	《兽药典》（2020 年版）	家畜 14 日，弃奶期 120 h

三、兽药残留限量规定

经查阅现我国现行有效的国家标准、行业标准和农业农村部相关文件，我国涉及蜂蜜中农药残留、兽药残留限量指标项目共计 12 类，其限量标准主要来源于《食品动物中禁止使用的药品及其他化合物清单》（农业农村部公告第 250 号）、《食品安全国家标准 食品中兽药最大残留限量》（GB 31650—2019）、《蜂蜜中农药残留限量（一）》（NY/T 1243—2006）、《绿色食品 蜂产品》（NY/T 752—2020）、《农业农村部关于印发 2020 年饲料兽药生鲜乳质量安全监测计划的通知》（农办牧〔2020〕8 号）等文件。具体情况见"蜂产品现行有效农药残留及兽药残留限量标准"（表 11-4）。

我国《食品安全国家标准 蜂蜜》（GB 14963—2011）是专门适用于蜂蜜的一项强制执行国家标准。该标准分别对蜂蜜感官要求、理化指标、污染物限量、兽药残留限量、农药残留限量、微生物限量等制定了相关技术要求，但对农药及兽药残留限量未列出具体指标要求，只要符合相关标准的规定即可。全国供销合作行业标准《蜂蜜》（GH/T 18796—2012）为一项推荐性标准，主要侧重于蜂蜜的感官、等级、理化、安全卫生和真实性等要求。同时，对蜂蜜的内在品质及新鲜度也作出了一些要求。

表 11-4 蜂产品现行有效农药残留及兽药残留限量标准

序号	项目名称	残留限量 MRL/(μg/kg)	标准或文件来源依据
1	氯霉素（Chloramphenicol）	不得检出	1.《食品动物中禁止使用的药品及其他化合物清单》（农业农村部公告第 250 号）2.《绿色食品 蜂产品》（NY/T 752—2020）
2	硝基呋喃类 Nitrofurans：呋喃西林（Furacilinum）、呋喃妥因（Furadantin）、呋喃它酮（Furaltadone）、呋喃唑酮（Furazolidone）	不得检出	
3	硝基咪唑类 Nitroimidazoles：洛硝达唑（Ronidazole）、	不得检出	

续表1

序号	项目名称	残留限量 MRL/（μg/kg）	标准或文件来源依据
3	地美硝唑（Dimetridazole）、甲硝唑（Metronidazole）	不得检出	1.《食品安全国家标准 食品中兽药最大残留限量》（GB 31650—2019）2.《绿色食品 蜂产品》（NY/T 752—2020）
4	双甲脒（Amitraz）	200	《食品安全国家标准 食品中兽药最大残留限量》（GB 31650—2019）
		不得检出	《绿色食品 蜂产品》（NY/T 752—2020）
5	溴螨酯（Bromopropylate）	100	1.《蜂蜜中农药残留限量（一）》（NY/T 1243—2006）2.《绿色食品 蜂产品》（NY/T 752—2020）
6	氟氯苯氰菊酯（Flumethrin）	10	《蜂蜜中农药残留限量（一）》（NY/T 1243—2006）
		5	《绿色食品 蜂产品》（NY/T 752—2020）
7	氟胺氰菊酯（Fluvalinate）	50	1.《食品安全国家标准 食品中兽药最大残留限量》（GB 31650—2019）2.《蜂蜜中农药残留限量（一）》（NY/T 1243—2006）
		50（蜂蜜）20（蜂王浆）	《绿色食品 蜂产品》（NY/T 752—2020）

续表2

序号	项目名称	残留限量 MRL/(μg/kg)	标准或文件来源依据
8	氟喹诺酮类 Fluoroquinolones： 洛美沙星（Lomefloxacin）、 培氟沙星（Pefloxacin）、 氧氟沙星（Ofloxacin）、 诺氟沙星（Norfloxacin）、 依诺沙星（Enoxacin）、 恩诺沙星（Enrofloxacin）、 环丙沙星（Ciprofloxacin）、 沙拉沙星（Sarafloxacin）、	10	《农业农村部关于印发2020年饲料兽药生鲜乳质量安全监测计划的通知》（农办牧〔2020〕8号）
	达氟沙星（Danofloxacin）、 麻保沙星（Marbofloxacin）、 单诺沙星（Danofloxacin）、 奥比沙星（Orbifloxacin）、 双氟沙星（Difloxacin）、 噁喹酸（Oxolinic acid）、 氟甲喹（Flumequin）、 氟罗沙星（Fleroxacin）、 斯帕沙星（Sparfloxacin）	不得检出	《绿色食品　蜂产品》（NY/T 752—2020）
9	四环素类 Tetracyclines： 四环素（Tetracycline）、 土霉素（Oxytetracycline）、 金霉素（Chlortetracycline）、 强力霉素（Doxycycline）	5	《农业农村部关于印发2020年饲料兽药生鲜乳质量安全监测计划的通知》（农办牧〔2020〕8号）
	土霉素（Oxytetracycline）、 金霉素（Chlortetracycline）、 四环素（Tetracycline）（总量）	300	《绿色食品　蜂产品》（NY/T 752—2020）

续表3

序号	项目名称	残留限量 MRL/(μg/kg)	标准或文件来源依据
10	磺胺类 Sulfonamides：磺胺醋酰（Sulfacetamide）、磺胺嘧啶（Sulfadiazine）、磺胺甲基嘧啶（Sulfamerazine）、磺胺甲氧哒嗪（Sulfamethoxypyridazine）、磺胺-6-甲氧嘧啶（Sulfamonomethoxine）、磺胺氯哒嗪（Sulfachloropyridazine）、磺胺甲基异噁唑（Sulfamethoxazole）、磺胺吡啶（Sulfapyridine）、磺胺噻唑（Sulfathiazole）、磺胺二甲异噁唑（Sulfisoxazole）、磺胺邻二甲氧嘧啶（Sulfamethoxine）、磺胺甲氧嘧啶（Sulfamethoxydiazine）、磺胺甲噻二唑（Sulfamethizole）、磺胺二甲嘧啶（Sulfadimidine）、磺胺苯吡唑（Sulfaphenazolum）、磺胺间二甲氧嘧啶（Sulfadimethoxine）	5	《农业农村部关于印发2020年饲料兽药生鲜乳质量安全监测计划的通知》（农办牧〔2020〕8号）
		不得检出	《绿色食品　蜂产品》（NY/T 752—2020）
11	大环内酯类 Macrolides：林可霉素（Lincomycin）、红霉素（Erythromycin）、螺旋霉素（Spiramycin）、替米考星（Tilmicosin）、泰乐菌素（Tylosin）、交沙霉素（Josamycin）、吉他霉素（Kitasamycin）、竹桃霉素（Oleandomycin）	2	《农业农村部关于印发2020年饲料兽药生鲜乳质量安全监测计划的通知》（农办牧〔2020〕8号）

续表 4

序号	项目名称	残留限量 MRL/(μg/kg)	标准或文件来源依据
12	氨基糖苷类 Aminoglycosides：链霉素（Streptomycin）、双氢链霉素（Dihydrostreptomycin）、卡那霉素（Kanamycin）	5	《农业农村部关于印发2020年饲料兽药生鲜乳质量安全监测计划的通知》（农办牧〔2020〕8 号）
	链霉素（Streptomycin）	20	《绿色食品　蜂产品》（NY/T 752—2020）

第八节　蜜蜂检疫

根据《中华人民共和国动物防疫法》第四十九条规定："屠宰、出售或者运输动物以及出售或者运输动物产品前，货主应当按照国务院农业农村主管部门的规定向所在地动物卫生监督机构申报检疫。"因此，蜜蜂和其他家畜、家禽一样，在转地饲养运输过程中，特别是跨省转地饲养时，必须持有起运所在地的动物卫生监督机构所出具的"动物检疫合格证明"。否则，根据《中华人民共和国动物防疫法》第二十九条第三款"依法应当检疫而未经检疫或者检疫不合格的"规定，目的地所在地的动物卫生监督机构可以根据第九十七条"违反本法第二十九条规定，由县级以上地方人民政府农业农村主管部门责令改正、采取补救措施，没收违法所得、动物和动物产品，并处同类检疫合格动物、动物产品货值金额十五倍以上三十倍以下罚款；同类检疫合格动物、动物产品货值金额不足一万元的，并处五万元以上十五万元以下罚款；其中依法应当检疫而未检疫的，依照本法第一百条的规定处罚。"和第一百条"违反本法规定，屠宰、经营、运输的动物未附有检疫证明，由县级以上地方人民政府农业农村主管部门责令改正，处同类检疫合格动物、动物产品货值金额一倍以下罚款；对货主以外的承运人处运输费用三倍以上五倍以下罚款，情节严重的，处五倍以上十倍以下罚款。"规定进行处罚。

根据中华人民共和国农业部 2010 年下发的（农医发〔2010〕41 号）文件《蜜蜂检疫规程》规定，我国境内蜜蜂的检疫对象可分为美洲幼虫腐臭病、欧洲幼虫腐臭病、蜜蜂孢子虫病、白垩病、蜂螨病等五种传染病。同时，对检疫合格标准、检疫程序、检疫结果处理、监督检查和检疫记录等也作出相关规定。

第十二章　蜜蜂产品与销售

蜜蜂产品对人类身体健康具有十分重要的意义，它既是营养全面的食疗佳品，又具有调节人体生理功能、提高免疫功能、增强体力、消除疲劳、抵抗衰老、抑制肿瘤和美容等作用。随着人们生活水平的不断提高，一些蜜蜂产品已逐渐走进寻常百姓家庭，并被广大消费者所接受和青睐。因此，蜜蜂产品的消费群众基础雄厚，市场潜力巨大。

蜜蜂产品主要包括蜂蜜、蜂王浆、蜂花粉、蜂蜡、蜜蜂幼虫及蜂蛹等，根据其来源和形成的不同，可将蜜蜂产品分为三大类：

第一类：蜜蜂的采制物，例如蜂蜜、蜂花粉、蜂胶等。

第二类：蜜蜂的分泌物，例如蜂王浆、蜂毒、蜂蜡等。

第三类：蜜蜂自身生长发育各阶段虫态的躯体，例如蜜蜂幼虫、蜜蜂蛹等。

第一节　蜂　蜜

一、蜂蜜概念

蜂蜜是蜜蜂从蜜源植物的花朵中采集的花蜜或分泌物，通过与自身分泌物相结合，在蜂巢中酿制而成的天然甜物质。它是蜜蜂的最主要产品，具有润肺止咳、滑肠通便、养肝护胃、解毒等功效。

1. 根据生产季节的不同，可将蜂蜜分为春蜜、夏蜜、秋蜜和冬蜜。

2. 根据生产方式的不同，可将蜂蜜分为分离蜜、巢蜜、压榨蜜等。巢蜜是经过蜜蜂酿制成熟并封上蜡盖的蜜脾，它具有蜜源植物的天然花香味，营养十分丰富，是一种被誉为最完美、最高档的天然蜂蜜产品（图 12 - 1）。

图 12‑1　巢蜜

3. 根据蜜源植物种类的不同，可将蜂蜜分为单花蜜和杂花蜜（百花蜜）。

4. 根据蜂蜜颜色的不同，可将蜂蜜分为水白色、特白色、白色、特浅琥珀色、浅琥珀色、琥珀色及深琥珀色 7 个等级。

二、蜂蜜成分

蜂蜜是一种成分极为复杂的糖类复合体，含有 180 多种成分，主要成分为葡萄糖和果糖，其次为水分和蔗糖。另外，还含有各种维生素、矿物质、蛋白质、氨基酸、有机酸、酶类和芳香物质等。

（一）糖类

糖类含量占蜂蜜总量的 65%～80%，主要以葡萄糖和果糖为主。一般蜂蜜中葡萄糖含量占总糖量的 40% 以上，果糖含量占 47% 以上，蔗糖含量占 4% 左右。此外，蜂蜜中还含有一定量的麦芽糖、松三糖、棉子糖等。

（二）水分

水分含量是衡量天然蜂蜜是否成熟的重要标志之一，一般成熟蜂蜜的水分含量为 18%～22%。水分含量越高，蜂蜜浓度越低，成熟度越低。

（三）有机酸类

有机酸类含量占蜂蜜总量的 0.1% 左右，主要为葡萄糖酸和枸橼酸。此外，蜂蜜中还有醋酸、丁酸、苹果酸等。蜂蜜呈弱酸性，pH 值为 4～5。

（四）矿物质

矿物质含量占蜂蜜总量的 0.03%～0.9%，种类多达 18 种，主要为铁、铜、钾、钠、镁、钙、锌、硒、锰、磷、碘、硅、硫、铅、铬、镍等。蜂蜜中矿物质主要是植物从土壤中吸收而来，深色蜜中所含的矿物质比浅色蜜多。

（五）蛋白质和氨基酸

蛋白质含量约占蜂蜜总量的 $0.29\%\sim1.69\%$，平均为 0.57%。氨基酸是构成蛋白质的基本单位，蜂蜜中游离的氨基酸达 16 种之多。蜂蜜中氨基酸含量因蜂种、花蜜、花粉的种类不同而各异。

（六）酶类

蜂蜜中含有丰富的酶类，包括转化酶（如淀粉酶、过氧化氢酶等）、还原酶、脂肪酶等。这些酶大部分为蜜蜂在酿造蜂蜜的时候所分泌，也有少量的酶为蜜粉源植物本身所分泌。

（七）维生素

蜂蜜中维生素含量与蜂蜜的来源和所含花粉量有关，主要以含 B 族维生素为主。一般每 100 g 蜂蜜中含 B 族维生素为 $300\sim840\ \mu g$，其次为维生素 C。另外，还含有生物素、维生素 K、维生素 E 等。蜂蜜在储存及加工过程中，维生素会逐渐减少 $33\%\sim50\%$。

（八）芳香物质

蜂蜜中芳香物质大部分来自花蜜或花朵，它是从植物花瓣或油腺中分泌出来的一种挥发性香精油，主要成分包括醇、醇的氧化物、酯、醛、酮等类型化合物。因此，蜂蜜气味随蜜源植物的种类不同而各异。通常色泽越浅的蜂蜜，气味越清香；色泽越深的蜂蜜，刺激性气味越浓烈。不同品种的蜂蜜，其所含芳香物质的品种和数量不同，从而形成了蜂蜜味道的多样性。

三、蜂蜜结晶

（一）蜂蜜结晶概念

新鲜蜂蜜是黏稠的透明或半透明胶状液体。蜂蜜在较低的温度下放置一段时间后，就会出现朦胧而混浊，逐渐凝结成固体状态，这就是蜂蜜的自然结晶。蜂蜜结晶是一种正常的物理现象，其实质是葡萄糖的结晶，而蜂蜜又是葡萄糖的过饱和溶液。

（二）影响蜂蜜结晶的内部因素

1. 葡萄糖与果糖含量比例。一般来说，当蜂蜜中葡萄糖与果糖含量比例为 1∶1 时，蜂蜜结晶速度比较缓慢；当葡萄糖与果糖含量比例为 1∶2 时，一般不出现结晶现象；当葡萄糖与果糖含量比例为 1∶0.9 时，即葡萄糖含量高于果糖含量时，在温度适宜的情况下，蜂蜜很快就会出现结晶现象。例如，洋槐蜜中葡萄糖与果糖含量的比例约为 2∶3，则洋槐蜜不容易结晶；而油菜蜜中葡萄糖与果糖含量比例约为 18∶17，则油菜蜜很容易结晶。

2. 葡萄糖结晶核含量。蜂蜜中的葡萄糖结晶核含量越多，则结晶速度越快；反之，则越慢。

3. 水分含量。一般情况下，成熟度高的蜂蜜，含水量较低，若其结晶速度快，则很容易形成整体结晶；含水量高的未成熟蜂蜜，由于葡萄糖溶液的过饱和程度降低，其结晶速度也会变慢或不能全部结晶，从而出现蜂蜜分层结晶现象。分层结晶的蜂蜜，由于结晶部分水分含量低，液体部分含水量高，更容易引起蜂蜜发酵。因此，分层结晶不仅影响蜂蜜的美观度，更容易造成蜂蜜的发酵变质。

（三）影响蜂蜜结晶的外部因素

1. 外界温度的变化。当外界温度为 13 ℃～14 ℃时，蜂蜜结晶最快。低于此温度时，蜂蜜的黏稠度提高，致使蜂蜜结晶速度迟缓；高于此温度时，蜂蜜中糖的溶解度提高，减少了溶液的过饱和程度，从而使蜂蜜结晶速度变慢。当外界温度超过 40 ℃时，结晶的蜂蜜又融化为液体状态。

2. 花蜜的种类。蜂蜜的种类不同，其结晶速度和结晶粒大小也各不相同。一般葡萄糖、蔗糖含量高的蜂蜜则容易结晶，例如油菜蜜、乌桕蜜等；而果糖、糊精和胶体物质含量高的蜂蜜则不易结晶，例如紫云英蜜、洋槐蜜等。

（四）蜂蜜结晶的状态

蜂蜜结晶呈鱼子或油脂状，结晶粒细腻、色白，手捻无沙粒感，入口易化。只要是天然蜂蜜，其结晶与否都不影响其食用，也不影响其食用疗效（图 12－2）。

图 12－2　结晶蜂蜜

四、蜂蜜发酵

当蜂蜜中的水分含量超过 22％时，在适宜的温度条件下，蜂蜜中的耐糖酵母菌大量生长繁殖，从而分解蜂蜜中的糖分，使之变为乙醇和水，继而转变为醋酸、二氧化碳和水，这就是蜂蜜发酵变酸的原因。

蜂蜜发酵后，液体表面会产生许多泡沫，甚至可能溢出容器，严重时有胀裂储蜜桶等容器的危险。发酵后的蜂蜜，酸度增加，品质遭到破坏，营养价值降低。因此，在养蜂生产中，我们应提倡采收成熟蜂蜜，储存蜂蜜时，一定要用密封的容器，并置于干燥、阴凉处保存，防止蜂蜜发酵变质。

对于轻度发酵的蜂蜜，可采取隔水加热的办法进行处理：即将发酵的蜂蜜隔水加热至 62 ℃左右，保持 30 min，便可杀死其中的酵母菌。然后除掉液体上面的泡沫，重新装桶密封保存，以避免蜂蜜与潮湿空气接触后再次发酵变质。经过这样处理后的蜂蜜虽然仍可以食用，但已失去蜂蜜原来特有的芳香气味，而且其中的营养成分也明显降低。

发酵比较严重的蜂蜜，其颜色变浅，产生很多泡沫，具有很强的酒味、酸味或其他的怪味，没有什么营养价值，不可食用。

五、蜂蜜储存

对养蜂者来说，经过取脾、脱蜂、切割蜜盖、分离蜂蜜、过滤和装桶等程序，蜂蜜即可对外销售。暂时没有销售完毕的蜂蜜，可用食品塑料桶或陶瓷大缸加盖密封后储存在干燥、阴凉的地方；对蜂产品加工企业来说，蜂蜜的运输与储存，必须使用不锈钢桶或食品塑料桶盛装，并在蜜桶外面注明蜜种、波美度和产地等。同时，按蜂蜜品种、等级和产地进行分类堆放。蜂蜜储存仓库要求阴凉、干燥、清洁、通风和无异味，并保持 10 ℃～20 ℃的室内恒温，相对湿度不超过 75％。

消费者购买蜂蜜后，根据蜂蜜的购买量和食用进度情况，可选以下两种方法进行保存。一是常温保存，对于不是非常炎热的天气，蜂蜜可以置于阴凉的地方进行常温保存。二是冰箱保存，对于比较炎热的天气，可以用冰箱保鲜来进行保存。采用冰箱保存，需要先将蜂蜜用密封的罐子封存起来，然后将密封好的蜂蜜放进冰箱保鲜室即可。

注意事项：蜂蜜越新鲜越好，购买的蜂蜜应尽早尽快食用；需要保存的时候，应对蜂蜜进行密封，防止蜂蜜暴露在空气中吸收水分、滋生细菌，引起蜂蜜发酵变质。因此，在保存蜂蜜的时候，应在容器的开口处盖上一层保鲜膜，然后再盖上盖子密封。每次取用后，再次将保鲜膜封好即可。

六、蜂蜜食用方法和剂量

新鲜成熟的蜂蜜可以直接食用，也可将其配制成水溶液饮用。蜂蜜不能用开水冲服或高温蒸煮食用，因为不合理的加热，会使蜂蜜中的酶失去活性、颜色变深、香味挥发、味道改变，食之后有不愉快的酸味。因此，蜂蜜最好使用 62 ℃以下的温开水或凉开水稀释后服用。进餐时，可将蜂蜜涂抹在面包、馒头上，也可把蜂蜜加在温热的豆浆、牛奶中，调匀后一并饮用。

蜂蜜服用量大小，应根据服用蜂蜜的目的及需要来确定，正常情况下，用于治疗时，服用量应稍大一点；用于保健时，服用量应适当小一点。一般成年人每天以 60～100 g 较为适宜，最多不可超过 200 g，以在饭前 1～1.5 h 或饭后 2～3 h 空腹服用比较适宜，可分早、中、晚三次服用。

七、蜂蜜等级

在 1982 年《中华人民共和国商业部标准——蜂蜜（GHO12—82）》标准中，根据蜜源植物的种类及其蜂蜜的色、香、味情况，将蜂蜜分为三个等级（表 12 - 1）；根据蜂蜜的浓度高低情况，将蜂蜜分为四个级别（表 12 - 2）。

表 12 - 1　　　　　蜂蜜等级与蜜源种类及其色、香、味对应关系

等级	蜜源花种	色泽	状态	味道	杂质
一等	荔枝、柑橘、椴树、刺槐、紫云英、荆条	水白色、白色、浅琥珀色	透明、黏稠的液体或结晶体	滋味甜润、具有蜜源植物特有的花香味	死蜂、幼虫、蜡屑及其他杂质
二等	油菜、枣花、葵花、棉花等	浅琥珀色、黄色、琥珀色	透明、黏稠的液体或结晶体	滋味甜、具有蜜源植物特有的花香味	

续表

等级	蜜源花种	色泽	状态	味道	杂质
三等	乌桕等	黄色、琥珀色、深琥珀色	透明、黏稠的液体或结晶体	味道甜、无异味	
等外蜜	荞麦、桉树等	深琥珀色、深棕色	透明、黏稠的液体或结晶体	味道甜、有刺激味	

表 12 - 2　　　　　　　　　蜂蜜级别与蜂蜜浓度对应关系

级别	一级	二级	三级	四级
波美度（常温）	＞42 度	＞41 度	＞40 度	＞39 度

我国地域性差异很大，各地还有许多地方性蜂蜜品种，可以参考上述标准，确定其等级。另外，凡在同等级蜜中混有低等级蜜时，应视为低等级蜜。凡采用旧式取蜜法（如压榨法、锅熬法等）取蜜，蜜液混浊不透明、色泽较深、有刺激味的蜂蜜，均可作为等外蜜处理。

八、蜂蜜波美度与含水量、含糖量的关系

波美度是衡量蜂蜜质量标准的一个重要指标。任何没有经过加工浓缩的天然蜂蜜，其波美度越高，则含糖量就越高，相对密度也就越大，含水量就越低，表明蜂蜜的成熟度也就越高；反之，波美度很低的蜂蜜，则其含糖量也就越低，相对密度也相应降低，含水量会增大，表明蜂蜜的成熟度不高（表 12 - 3）。

表 12 - 3　　　　　　　　蜂蜜波美度、含水量、含糖量对照表

蜂蜜波美度/度	蜂蜜含水量/%	蜂蜜含糖量/%	蜂蜜相对密度
38	27	71.2	1.356
38.5	26	72.2	1.362
39	25	73.2	1.368
39.5	24.2	74.2	1.375

续表

蜂蜜波美度/度	蜂蜜含水量/%	蜂蜜含糖量/%	蜂蜜相对密度
40	23.1	75.4	1.382
40.5	22.3	76.2	1.388
41	21.2	77.2	1.395
41.5	20.2	78.1	1.402
42	19.2	79.1	1.409
42.5	18.1	80.3	1.416
43	17	81.3	1.423

第二节　蜂王浆

蜂王浆又名蜂皇浆、蜂乳、蜂王乳，它是蜂群中培育幼虫的青年工蜂头部舌腺和上腭腺所共同分泌的分泌物，为1～3日龄蜜蜂幼虫和蜂王的食物。

一、蜂王浆成分及性质

蜂王浆呈乳白色、淡黄色或浅橙色浆状物质，略带香甜，并有较强酸涩、辛辣味道。新鲜王浆的营养成分因蜜粉源植物的种类、生产季节、蜜蜂品种等因素的影响而各不相同。其营养成分大致为：水分65%～68%、蛋白质11%～14%、糖类14%～17%、脂类6%、矿物质0.4%～2%，未确定物质2.8%～3%（图12-3）。

图12-3　蜂王浆

不同蜜粉源植物花期所生产的蜂王浆，其色泽有较大差异。例如，油菜浆为乳白色或淡黄色，洋槐浆为乳白色，紫云英浆为淡黄色，荞麦浆呈微红色等。

不同生产季节所生产的蜂王浆，其质量差异也比较大。一般以"春浆"（5月中旬以前生产）质量为最好，其王浆酸含量高，色泽呈乳白色或淡黄色；"夏浆"和"秋浆"（5月中旬以后生产）色泽略深，含水量比"春浆"稍低，但其质量要比"春浆"稍差。根据我国国家标准规定（GB 9697—2008），质量合格的蜂王浆，其王浆酸（化学名为 10 -羟基- 2 -癸烯酸，简称 10 - HAD）指标应大于或等于 1.4%，而 10 - HAD 指标大于1.8%时，则是蜂王浆中的优等品（表 12 - 4）。

表 12 - 4 蜂王浆的等级与理化指标要求（GB 9697—2008）

指标	优等品	合格品
水分/%	≤67.5	≤69
10 -羟基- 2 -癸烯酸/%	≥1.8	≥1.4
蛋白质/%	11～16	
总糖（以葡萄糖计）/%	≤15	
灰分/%	≤1.5	
酸度/（mL/100 g）	30～53	
淀粉	不得检出	

不同蜂种所生产的蜂王浆，其性状及质量也有所区别。中蜂浆产量要远低于西蜂浆，与西蜂浆相比，中蜂浆外观上更为黏稠，呈淡黄色，王浆酸含量略低。目前市场上出售的蜂王浆绝大部分为西蜂浆。

二、蜂王浆用途

蜂王和工蜂均为受精卵发育而成的雌性蜂，其遗传基因完全相同。但是，因为营养条件的改变，一些少数雌性蜜蜂幼虫在整个幼虫期以蜂王浆为食，从而发育成蜂王，并终身以蜂王浆为食；而大多数雌性蜜蜂幼虫只在幼虫期的前3天以蜂王浆为食，此后便以蜂蜜和花粉的混合物为食，则发育成工蜂。

蜂王浆能明显增强人体对多种致病因子的抵抗力，促进脏腑组织的修复与再生，调整内分泌及新陈代谢，有效增进食欲，改善睡眠并促进生长发育，对人体有极强的保健功能和医疗效果。长期服用蜂王浆，可以促进食欲、增强体质，使人精力充沛、睡眠良好、心情舒畅等。

三、蜂王浆食用方法和剂量

蜂王浆一般以在饭前半小时或饭后 2 h 空腹口服用效果最佳。保健量：每日服用 2 次，每次 3～5 g；治疗量：每日服用 2 次，每次 5～10 g。

1. 舌下含服法。直接将蜂王浆放在舌下含化吞服。

2. 温水冲服法。用不超过 50 ℃的温水冲服。

3. 兑蜜服用法。将蜂王浆与蜂蜜按 1∶5 或 1∶10 的比例调匀成王浆蜜服用，每次 20～30 g。

4. 泡酒饮用法。将蜂王浆与白酒按 1∶5 或 1∶10 的比例调匀保存。饮用前摇匀。

注意事项：蜂王浆内含有天然活性物质，切勿加热服用，以免造成营养成分流失。服用时，若不适应蜂王浆的味道，可与蜂蜜和花粉混合后一起食用。

四、蜂王浆储存

新鲜蜂王浆具有怕强光、怕高温的特性，如果储存不当，容易发酵变质，营养价值降低，甚至完全失效。因此，蜂王浆应在低温、避光的条件下密闭储存。

1. 低温储存。养蜂场生产的新鲜蜂王浆，要装在专用食品塑料瓶或褐色玻璃瓶中，装满后密封，以隔绝空气，随后立即放入−18 ℃冰柜或冷库中储存。

2. 蜂蜜储存。消费者购买少量供自己食用的新鲜蜂王浆，可放在冰箱中冷藏保存。也可将蜂王浆掺入蜂蜜中，供临时食用和保存。

第三节　蜂花粉

蜂花粉是由蜜蜂从植物花朵中采集的花粉经蜜蜂加工而成的花粉团，为蜜蜂繁殖期的重要蛋白质饲料来源。蜂花粉中含有丰富的蛋白质、糖类、矿物质、维生素和其他活性物质，被誉为"全能的营养食品""内服的化妆品""浓缩的氨基酸"等（图 12-4）。

图 12-4　蜂花粉

一、蜂花粉成分

蜂花粉中含有多种营养物质，主要包括 22 种氨基酸、14 种维生素和 30 多种微量元素以及大量的活性蛋白酶、核酸、黄酮类化合物及其他活性物质。据有关资料分析：蜂花粉中的蛋白质含量是牛奶、鸡蛋的 5～7 倍，维生素 C 的含量高于新鲜水果和蔬菜，特别是 B 族维生素的含量极为丰富，比蜂蜜高百倍。同时，蜂花粉中还含有钾、镁、钙、铁、硅和磷等多种矿物质。

二、蜂花粉用途

蜂花粉是蜜蜂食物中蛋白质、脂肪、维生素和矿物质的天然来源，蜂群中蜜蜂幼虫及幼蜂的发育成长离不开蜂花粉。蜂巢中没有蜂花粉，幼虫便不能生长，幼蜂不能发育，蜂群也不能生产蜂王浆、蜂蜡等。缺乏蜂花粉的蜂群，其繁殖及生长发育均会受到极大的影响。

蜂花粉中的多糖成分能激活巨噬细胞的吞噬活动，提高人体抗病能力；蜂花粉中含有维生素 E、超氧化物歧化酶等成分，能够滋润和营养肌肤，恢复皮肤的弹性和光洁，预防皮肤衰老、粗糙，使皮肤柔滑细嫩、光泽而富有弹性；蜂花粉中的黄酮类化合物能够有效清除血管壁上脂肪的沉积，从而起到软化血管和降低血脂的作用。蜂花粉中还含有许多杀菌成分，能杀灭大肠埃希菌等，并能有效防治便秘等。

三、蜂花粉食用方法和剂量

蜂花粉最适宜的食用时间和方法为早晨空腹，或早、中、晚分次用温水、牛奶或蜜水调服。

服用剂量：正常情况下，成人以保健为目的，一般服用剂量为每天 10～15 g；劳动强度大以增强体质为目的（如运动员）或用于治疗疾病（如前列腺炎等）时，可增加到每天 20～30 g。

四、蜂花粉过敏现象

某些植物的花粉中含有一定的过敏物质，可使个别人产生过敏反应。花粉过敏症是通过鼻子、眼睛表面与花粉接触引发的过敏反应，主要表现为打喷嚏、流清鼻涕，甚至眼睛、鼻子和耳朵等部位出现炎症反应，或者在舌头及唇部出现肿胀。过敏严重者，可能会出现哮喘的症状，这与食用蜂花粉过敏是完全不同的。根据花粉过敏症的临床表现，一般花粉过敏是由于风媒花粉所引起，而不是作为虫媒花粉的蜂花粉所引起。

绝大部分品种的蜂花粉不含有过敏物质，市面上的蜂花粉产品也大都经过脱敏处理，因此食用蜂花粉过敏的概率较低。在现实生活中，虽然也有食用蜂花粉后发生过敏反应的人，但非常少见，而且这类人群也大多属于过敏体质，一般消费者不必担心蜂花粉过敏，可以放心食用。即使是花粉过敏症患者，也可以先从少量食用蜂花粉开始，适应后再逐渐加量，从而达到脱敏的目的。

五、蜂花粉收集与储存

（一）蜂花粉的收集

蜂群繁殖季节，如果巢房内蜂花粉过多，蜂王产卵受限，不利于蜂群的发展；如果巢房内蜂花粉短缺或不足，蜂王产卵减少甚至停产，影响蜂群的繁育壮大。因此，在外界蜜粉源旺盛时，可将蜜蜂采集的蜂花粉通过人为控制采收一部分进行储存备用，以便在外界缺少蜜粉源时，可以给蜂群补喂花粉，促进蜂群繁殖。

（二）蜂花粉的干燥

新采收的蜂花粉，因水分含量高，容易发霉变质。因此，新鲜蜂花粉必须经过除杂、人工分类、干燥灭菌等处理程序，当蜂花粉的含水量达到2％～5％时，才能密封储存。蜂花粉脱水处理的最好办法就是将花粉置于恒温干燥箱中，于45℃左右的温度下烘干。其次，也可以利用太阳光或自然风干等方法进行干燥处理。

（三）蜂花粉的储存

1. 冷冻储存。将干燥的蜂花粉用双层塑料袋装好，并封严袋口，防止吸水，置于低温冰箱或冷库中，可最大限度地减少蜂花粉中的蛋白质和维生素的损失，避免蜂花粉发霉变质或滋生虫害。若短期储存，温度保持在 0 ℃～5 ℃；若长期储存，温度保持在－20 ℃左右。

2. 加糖储存。消费者购买供自己食用的少量蜂花粉，在短期内为防止蜂花粉发霉变质，可把蜂花粉与白砂糖按 2∶1 的比例进行混合，然后装入瓶内压实，并在上层加 3～5 cm 厚的白砂糖，封严瓶口，放于阴暗处保存。

3. 混合储存。少量的蜂花粉也可与蜂蜜混合储存，即将蜂花粉加入高浓度的蜂蜜中，也可达到储存的效果。

第四节　蜂　蛹

一、蜂蛹营养价值

在养蜂生产中，蜂蛹通常是指蜜蜂的雄蜂蛹以及胡蜂、黄蜂、黑蜂、土蜂等野生蜂种的幼虫或蛹。一般情况下，很少有人取食人工饲养的工蜂的幼虫和蜂蛹，因为人为地取食工蜂的幼虫和蜂蛹会影响蜂群的正常繁殖，造成蜜蜂群势下降，削弱蜂群生产力。但是，在蜂群繁殖季节，利用蜂群自然产生雄蜂的特性，可以采收一定数量的商品雄蜂蛹，这样既可以充分地利用资源，又能节省大量饲料。另外，在利用西方蜜蜂生产蜂王浆的过程中，养蜂者常将没有什么利用价值的蜜蜂幼虫泡酒饮用。

蜂蛹是一种高蛋白、低脂肪的高级营养补品，其营养成分十分丰富，食用风味香酥嫩脆，深受人们的喜爱。据有关资料记载：蜂蛹中含蛋白质 20.3％、脂肪 7.5％、糖类 19.5％、微量元素 0.5％、水分 42.7％。蜂蛹的营养价值不低于蜂花粉，尤其是维生素 A 的含量大大超过牛肉，蛋白质含量仅次于鱼肝油，而维生素 D 含量则超过鱼肝油 10 倍，被誉为"天上人参"，是一种纯天然的高级营养补品。

二、蜂蛹储存

蜂蛹中含有大量活性物质，尤其是蜂蛹中的络氨酸会在空气中快速氧化从而使虫体颜色变深，失去食用价值。因此，蜂蛹采收后，应尽快加工食用或采取适当方法储存保鲜。

（一）冷冻储存

将采收的蜂蛹用食品塑料袋包装好，密封并放入冰箱中冷冻储存。

（二）浸酒储存

先将蜂蛹清洗干净并沥干水分，浸入高度白酒内密封储存。白酒与蛹的比例为 2：1。

（三）盐水储存

先将蜂蛹清洗干净，除去蜡屑，置于浓度为 50% 的盐水中煮沸 15 min 左右，捞出后置于阴凉通风处晾干水分，然后装入食品袋，密封冷冻储存。

三、蜂蛹食用方法

蜂蛹的食用方法很多，通常以油炸蜂蛹、香辣蜂蛹、蜂蛹酥、脆皮蜂蛹、蜂蛹泡酒等最为常见。

（一）油炸蜂蛹烹制方法

从蜂巢中取出蜂蛹，经过去渣、漂洗、滤干等程序，再倒入油温 80 ℃ 左右的油锅内，用文火煎炸至金黄色，然后加入少许食盐，即可装盘食用。

（二）蜂蛹酥烹调方法

从蜂巢中取出蜂蛹，经过去渣、漂洗、滤干等程序，再将鸡蛋打入碗内，加少许面粉和适量食盐调成蛋汁，随后加入蜂蛹调拌均匀。最后用汤匙将裹有蛋汁的蜂蛹逐只舀进油温 80 ℃ 左右的油锅内，用文火煎熟，装盘后放少许花椒粉即可食用。

（三）香辣蜂蛹烹饪方法

取新鲜蜂蛹 220 g，花椒粒 5 g，朝天椒和青红椒各 2 个，食用油适量，孜然粉 3 g。先将辣椒切成小段，再将花椒粒放入油锅中爆炒，接着加入辣椒炒出香味，然后将蜂蛹放入油锅中大火翻炒至金黄色，再撒上孜然粉搅拌入味，即可出锅食用。

（四）蜂蛹酒制作方法

将新鲜蜂蛹置于 500 g 高度白酒内密封保存，封存 7～10 天即可饮用。饮用时，轻轻摇匀，效果更佳。蜂蛹酒对气血不足以及筋骨疼痛有极好的疗效。同时，还能减轻女性更年期症状，能够避免更年期综合征。

四、食用蜂蛹注意事项

蜂蛹内含有一些肽类胆碱及酶类物质，一次切勿食用太多；死亡时间较长的蜂蛹可能产生大量的组胺等蛋白质产物或者被细菌污染，食用后可能引起中毒。因此，宜选择新鲜或活蜂蛹食用，糖尿病患者、肾病患者、过敏体质的人群忌食。

第五节　蜂　蜡

蜂蜡是工蜂腹部下面四对蜡腺所分泌的脂肪性物质，其主要成分为酸类、游离脂肪酸、游离脂肪醇和糖类。此外，还有类胡萝卜素、维生素 A、芳香物质等。

在化妆品制造业中，许多美容用品中都含有蜂蜡，例如洗浴液、口红、胭脂等；在蜡烛加工业中，以蜂蜡为主要原料可以制造各种类型的蜡烛等；在医药工业中，蜂蜡可用于制造牙科铸造蜡、基托蜡、黏蜡、药丸的外壳等；在食品工业中，蜂蜡可用作食品的涂料、包装和外衣等；在农业及畜牧业中，蜂蜡可用作制造果树接木蜡和害虫黏着剂等；在养蜂业中，蜂蜡可制造巢础、蜡碗等。

第六节　蜂蜜质量管理

近年来，我国蜂蜜质量安全问题虽然有所改善，但存在的问题仍然较为突出，主要表现为蜂蜜质量总体不够高，造假、掺假现象严重，造假手段层出不穷，农兽药残留现象时有发生等。

一、蜂蜜质量存在的问题

(一) 蜂蜜制品泛滥

目前市场上仍然存在一些"蜂蜜制品"，例如"老年蜂蜜""儿童蜂蜜"等，这些产品都是添加了各类糖浆或微量元素，蜂蜜含量微乎其微，甚至根本没有。因此，消费者在选购蜂蜜产品时，要特别注意"蜂蜜"和"蜂蜜制品"的区别。

(二) 蜂蜜掺杂使假

目前市场上蜂蜜的主要制假手段是：

1. 白糖加水和枸橼酸进行熬制。

2. 用饴糖、糖浆直接冒充蜂蜜。

3. 在蜂蜜中添加果葡糖浆。

（三）兽药残留超标

蜂蜜中兽药残留超标的主要原因：

1. 大部分养蜂场生产方式落后，养殖技术水平低，养蜂者缺乏控制兽药残留的意识；部分养蜂者由于对专业知识和有关用药标准的了解不足，造成了乱用药现象。

2. 许多养蜂者对蜜蜂病害用药缺乏基本常识，错误地认为抗生素药物是治疗蜂病的万能药，甚至还不了解禁、限兽药规定、兽药休药期规定及兽药残留限量规定等相关法律法规。

3. 一些西方蜜蜂饲养者，过度利用蜜蜂资源进行生产，造成蜜蜂过度劳累、体质下降而致病。蜜蜂发病以后，不得不依靠药物治疗，从而造成蜂蜜中药物残留现象。

二、蜂蜜质量控制措施

（一）提高养蜂人员整体素质

为提高养蜂人员对养蜂生产、安全用药、蜂场卫生与蜂病防治等基本知识的掌握能力，使养蜂人员熟练掌握无公害蜂蜜生产规范化操作规程，了解蜂蜜质量相关规定和食品安全生产的法律法规要求等，各有关农业行政主管部门以及养蜂专业合作社要加强对养蜂人员政策法规以及科学饲养技术的培训，以减少养蜂生产的盲目性，确保蜂蜜质量安全可靠。

（二）实施蜂蜜质量源头控制

1. 生产过程质量控制。要求养蜂生产所使用的设备及相关工具清洁干净、无毒无害；改进取蜜方法，采收成熟蜂蜜，严格按操作管理规范进行蜂蜜生产等；蜂病的防治要以科学饲养、健康管理、综合防治为基本原则，严禁使用抗生素，严格执行兽药的休药期规定等。

2. 加工过程质量控制。加强对原料、半成品和成品的质量检验，防止加工设备和辅料造成蜂蜜的二次污染，严格按照标准程序生产、加工和包装产品等。在产品加工过程中，尽可能减少加工程序，以免影响蜂蜜的原有品质。产品包装应符合安全卫生要求。

3. 流通环节质量控制。注意包装的完好性和产品的保质期，以及储存条件等。蜂蜜储存场所应保持干燥、通风、阴凉和无阳光直射，更不能与有异味或与有毒、腐蚀性、放射性、挥发性以及可能产生污物的物品混放在一起。

（三）推进食用农产品合格证制度

2017年9月，中共中央办公厅、国务院办公厅印发了《关于创新体制机制推进农业绿色发展的意见》文件，明确提出了关于改革无公害农产品认证制度的要求，加快推进建立食用农产品合格证制度。2019年12月，农业农村部下发了《关于印发〈全国试行食用农产品合格证制度实施方案〉的通知》文件（农质发〔2019〕6号），要求所有农产品种植（养殖）生产者在交易时主动出具合格证，实现农产品合格上市、带证销售。通过产品合格证制度，可以把生产主体管理、种养过程管控、农药兽药残留自检、产品带证上市、问题产品溯源等措施集成起来，强化生产者主体责任，提升农产品质量安全治理能力，更加有效地保障农产品质量安全。

（四）加大对市场的监督力度

充分发挥消费者协会和市场监督管理机关"12315"维权网络的监督作用，维护广大消费者合法权益；充分发挥"守合同重信用"企业的示范带头作用，引导、督促蜂蜜食品经营者建立和完善自律制度；充分发挥新闻媒体和广大消费者的监督作用，努力营造食品安全社会监督的良好氛围。

第七节 蜂蜜销售知识

目前许多中蜂饲养者抱怨蜂蜜卖不出去，尤其是一些偏僻山区蜂农所面临的销售困境尤为突出。其主要原因：首先，市场缺乏对消费者的正确宣传引导，消费者缺乏对真蜜、好蜜的认知和辨别能力，因而造成消费者想购买蜂蜜却又怕买到假蜂蜜的思想顾虑；其次，大部分蜂农处于偏僻山区，交通不便，供求信息不对称，蜂蜜销售渠道受到一定的限制；最后，大部分山区蜂农严重老龄化，文化水平普遍较低，对蜂产品科普知识缺乏了解，很难掌握和运用现代网络知识和手段进行销售等。因此，作为一个现代养蜂人，要不断地加强学习、充实和提高自己，做一个会养蜂、懂产品、善宣传、会营销的养蜂人。

一、确保蜂蜜质量过硬

蜂蜜质量是销售的根本，养蜂者如何保证蜂蜜质量优异，赢得"回头客"，是解决销售问题的关键之所在。

（一）保证蜂蜜天然纯正

外界缺乏蜜粉源季节，养蜂者用白糖熬制成糖浆饲喂蜂群时，为了保证蜂蜜的天然纯正，在采收蜂蜜期间，应首先将底糖（蔗糖含量高）摇出，摇出的底糖只能饲喂蜂群，不能出售给消费者；其次，每次采收蜂蜜时，应先将没有封盖的未成熟蜂蜜用摇蜜机分离出来，因为这些蜂蜜没有完全成熟，水分含量高、营养价值低，极易发酵变质，不可作为商品蜜出售给消费者，只能作为饲喂蜂群的饲料；最后，将全部封盖的成熟蜂蜜割去蜜盖后用摇蜜机分离出来，此时摇出的蜂蜜才是天然纯正的成熟蜂蜜，可提供给消费者选购。作为一个养蜂人，一定要坚守诚实守信的原则，不能将质量不符合要求的劣质蜂蜜出售给消费者，更不能对蜂蜜掺杂使假。

（二）保证蜂蜜干净卫生

1. 选择好养蜂场地，保证养蜂场地的卫生，避免在有工业污染的工厂以及经常喷洒农药的农作物、果园及畜禽养殖场等区域放蜂。

2. 采收蜂蜜时，要将使用的起刮刀、盛蜜桶、割蜜刀、摇蜜机等生产工具清洗干净，避免因蜂具不干净而造成污染蜂蜜。

（三）保证蜂蜜无药物残留

非流蜜季节，要对蜂群进行预防性保健用药，防止蜂病的发生；流蜜季节，治疗蜂病最好使用中草药，严禁滥用抗生素以及违禁药物，严格执行兽药休药期制度。

（四）保证蜂蜜新鲜储存

采收蜂蜜时，应选用专用食品塑料桶或陶瓷大缸储存蜂蜜。同时，还要注意器具清洁、干燥、卫生、无异味。储存蜂蜜的房间要求干燥、通风、避光等。

二、加强消费宣传引导

（一）熟悉蜂蜜科普知识

养蜂者应该不断地加强学习，对蜂蜜的各项指标、功效、食用方法了如指掌。面对客户咨询时，可以详细地介绍各种不同蜂蜜之间的差异及功效，让客户产生信任感。

（二）坚持实事求是原则

向客户介绍蜂蜜时，要本着实事求是的原则，既不能随意夸大蜂蜜的食用功效，也不能轻易抬高自己、贬低同行、损伤他人。

（三）搞好售后服务工作

对上门咨询的客户，养蜂者要热情接待，耐心解答客户所咨询的问题；对已购买蜂蜜的客户，要建立好客户档案，开展定期电话回访，征求客户意见，不断加以改进；对蜂蜜质量提出异议的客户，要耐心细致进行解答，并给予妥善解决，不断增强客户的信任感；对于自己的承诺要认真履行，不能推三阻四，敷衍了事，要让客户买得放心。

三、拓宽蜂蜜销售渠道

（一）养蜂场自产自销

消费者直接去养蜂场或养蜂者家里，通过与消费者面对面的交流，然后将蜂蜜直接卖给消费者。只要蜂蜜质量过硬，宣传工作到位，通过老客户的口碑相传，一定会招来一批又一批的新客户。这种销售方式因为没有中间环节，不需要支付佣金，利润相对较高。但是，大部分养蜂者处在偏僻的农村，接触到的消费者有限，其销售量会受到一定的限制。

（二）亲朋好友代销

如果养蜂者在城市或集镇有亲戚朋友，则可以充分利用这些关系，通过赠送、品尝或给予亲戚朋友一定的利润，让他们向周边亲友进行推介，扩大宣传销售，进一步开拓代销市场，增加蜂蜜销量。

（三）现代网络销售

对文化水平较高的养蜂者，可以学习一些现代网络营销知识，通过现代网络平台（例如微商或网店等）向消费者进行宣传推介，拓展蜂蜜销售渠道，提高蜂蜜销量。另外，近年来，直播带货销售方式在网络上非常流行，销售效果不错，建议养蜂者大胆进行尝试。

目前我国乡村振兴工作正在如火如荼地推进，各级农业行政主管部门积极组织农民开展各种类型的技能培训，特别是现代网络营销知识（例如直播带货等）的培训，建议养蜂者积极参与学习。

（四）"农博会"销售

每年的秋、冬农闲季节，各级政府部门都会组织一些农产品博览会活动。建议有条件的养蜂者积极参与，通过现场宣传、品尝等形式，向顾客推销自己的产品。

（五）乡村旅游销售

　　一些旅游资源很丰富的地方，养蜂者可以将蜂群置于蜜源丰富和交通便利的地方，通过现场体验摇蜜、品尝蜂蜜和美食等活动，来吸引游客及旅游团体前往购买产品。例如，2020年，湖南省浏阳市人民政府充分利用"湘东明珠"——大围山国家森林公园的旅游资源，将发展养蜂产业与旅游资源结合起来，成功举办了大围山"摇蜜节"暨"浏阳中蜂蜜"推介会，将中蜂养殖扶贫产业发挥到了极致，收到很好的推介效果。

（六）蜂文化融合销售

　　一些蜂业企业将养殖、加工、销售紧密结合起来，建立了专业养蜂生态园或蜜蜂文化科普园，通过亲自体验养蜂实践操作、技术人员讲解、蜜蜂文化以及实物展示，来吸引消费者的眼球，给消费者以安全、可靠的感觉，从而赢得信赖和口碑，以达到销售产品和服务顾客的目的。例如，地处大围山国家森林公园的湖南锦寿堂蜂业有限公司，充分利用大围山的旅游资源，将普及蜜蜂科普文化与当地旅游资源相结合，通过开展系列养蜂科普活动来吸引游客，不但促进了当地旅游经济的发展，同时也促进了大围山农家乐、水果种植业的发展，实现了一二三产业链的紧密融合与发展。

（七）"会员制"销售

　　随着人们生活水平的逐步提高，保健养生越来越受到重视，蜂蜜是纯天然无公害保健食品，消费者有长期食用的习惯。因此，对那些常年食用蜂蜜的老客户，可采取会员制的销售方法，在客户购买产品时给予一定的优惠待遇，并定期对会员进行回访，赠送客户一些介绍蜂蜜食用功效、食用方法的科普资料，使之成为稳定、忠实的顾客。

　　综上所述，蜂蜜的销售渠道多种多样，养蜂者要根据自己的实际情况，因地制宜地选择符合自身情况的销售模式，以达到增加蜂蜜销量的目的。因此，养蜂者要获得较好的经济效益，首先要保证蜂蜜的质量，其次要选择一个符合自身情况的销售模式，只有这样，我们养蜂业才能持续健康地发展。

参考文献

[1] 龚一飞. 养蜂学 [M]. 福州：福建科学技术出版社，1981.

[2] 龚凫羌，宁守容. 中蜂饲养原理与方法 [M]. 成都：四川科学技术出版社，2006.

[3] 王瑞生. 规模化中蜂场非药物防治中蜂囊状幼虫病的方法 [J]. 蜜蜂杂志，2019（1）：14 - 15.

[4] 张中印，吉挺. 高效养中蜂 [M]. 北京：机械工业出版社，2016.

[5] 王瑞生，高丽姣. 蜜蜂病敌害诊治一本通 [M]. 北京：机械工业出版社，2020.

[6] 彭文君. 蜜蜂饲养与病敌害 [M]. 北京：中国农业出版社，2013.

[7] 戴荣国. 高效养蜂你问我答 [M]. 北京：机械工业出版社，2015.

[8] 国家畜禽遗传资源委员会. 中国畜禽遗传资源志·蜜蜂志 [M]. 北京：中国农业出版社，2010.

[9] 徐万林. 中国蜜源植物 [M]. 哈尔滨：黑龙江科学技术出版社，1983.

[10] 徐祖荫. 掏挖巢脾巢础沟，主动杀虫除虫源 [J]. 蜜蜂杂志，2020（6）：40.

[11] 黄文诚. 蜂王培育技术 [M]. 北京：金盾出版社，2017.

[12] 方兵兵，叶振生. 图说高效养蜂关键技术 [M]. 北京：金盾出版社，2018.

[13] 薛慧文，和绍禹. 蜜蜂无公害饲养综合技术 [M]. 北京：中国农业出版社，2003.

[14] 中国兽药典委员会. 中华人民共和国兽药典 [M]. 北京：中国农业出版社，2020.

[15] 赵尚武. 油茶蜜蜂授粉科研成果大面积推广成功 [J]. 蜜蜂杂志，1987（6）：33.

[16] 赵尚武. 油茶花期蜂群的管理措施 [J]. 中国养蜂，1993（5）：19 - 20.

图书在版编目（CIP）数据

中蜂生态养殖 / 张祖标，李安定，唐炳编著. — 长沙：
湖南科学技术出版社，2023.6
（乡村振兴. 科技助力系列）
ISBN 978-7-5710-2042-2

Ⅰ．①中… Ⅱ．①张… ②李… ③唐… Ⅲ．①中华蜜蜂—
蜜蜂饲养 Ⅳ．①S894.1

中国国家版本馆 CIP 数据核字 (2023) 第 018471 号

ZHONGFENG SHENGTAI YANGZHI

中蜂生态养殖

编　　著：张祖标 李安定　唐 炳
出 版 人：潘晓山
责任编辑：任　妮　张蓓羽
出版发行：湖南科学技术出版社
社　　址：长沙市芙蓉中路一段 416 号泊富国际金融中心
网　　址：http://www.hnstp.com
湖南科学技术出版社天猫旗舰店网址：
　　　　　http://hnkjcbs.tmall.com
邮购联系：0731-84375808
印　　刷：湖南省汇昌印务有限公司
　　　　（印装质量问题请直接与本厂联系）
厂　　址：长沙市望城区丁字湾街道兴城社区
邮　　编：410299
版　　次：2023 年 6 月第 1 版
印　　次：2023 年 6 月第 1 次印刷
开　　本：710mm×1000mm　1/16
印　　张：13.75
字　　数：192 千字
书　　号：ISBN 978-7-5710-2042-2
定　　价：28.00 元